ネコと過ごす、幸せ時間

癒し、癒される猫マッサージ

石野孝
相澤まな 著

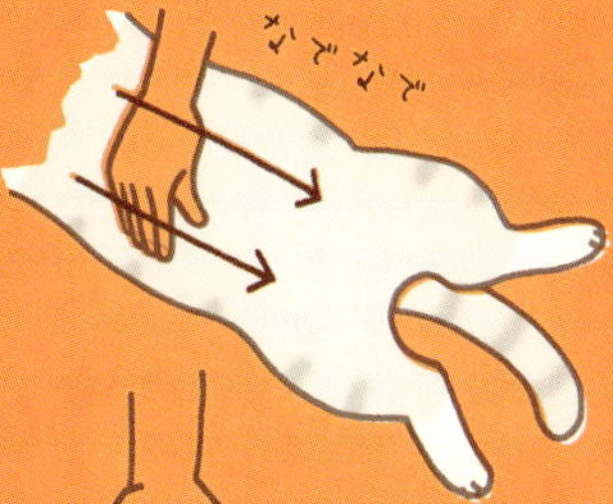

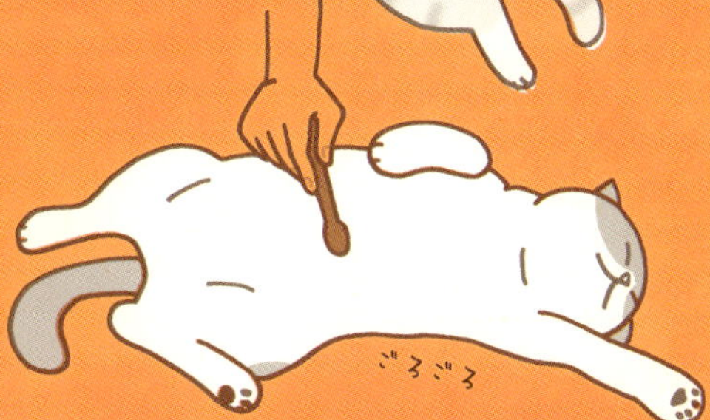

実業之日本社

猫に
癒され
生活

g
momo
tama
maru
thomas
colon
momone
chobo

i love cat♥

family & friend

sleeping...

もくじ

column

はじめに

近年、ワクチンや寄生虫駆除薬などの予防獣医療技術の進歩、いわゆる猫まんまからキャットフードへの食生活の改善、完全室内生活などの生活環境の変化によって、猫の平均寿命は格段と延びました。今では二十歳をこえる猫ちゃんもめずらしくなく、まさに超高齢化社会となっています。同時に人間と近い生活をしていますので、腎不全や癌など様々な生活習慣病を患う猫ちゃんも増えてきています。医療の進歩により病気の早期発見早期治療ができるようになりましたが、病気になってから対応するのではなく、未病の段階でなにかできることはないかと考えたときに、本書でご紹介するマッサージは、猫ちゃんの健康の保持増進にたいへん役立つ手法だと考えます。本書でご紹介するマッサージは、中国伝統医療である、経絡ツボマッサージと西洋医学のリンパマッサージを融合させた手法です。何気なく猫ちゃんをさわってなでるというシンプルな行為は、実は経絡やツボ、リンパの刺激になっているといっても過言ではありません。症状別に関係のあるツボやリンパを学べば、病気の治療の補助にもなりますし、予防にもなります。一日でも長く健康で元気に猫ちゃんとともに生活をしたいですね。
そんなお手伝いのひとつに役立てたら幸いです。

JPMA（社）日本ペットマッサージ協会

究極のスキンシップである「ペットマッサージ」についてのセミナーを随時開催しています。

公式ホームページ
http://www.j-pma.com/

chapter 1

癒しのペットマッサージ

陰陽論

猫のマッサージを始める前に、

マッサージの軸となる東洋医学の考え方を理解しましょう

すべてのものが陰陽に分けられる

古代中国の思想である「陰陽論」では、宇宙に存在するすべての物質や現象は「陰」と「陽」に分けられて対立する関係にあるといわれています。

空間では天が陽、地が陰。男女では、男性が陽、女性が陰。1日では昼が陽、夜が陰と分けられています。しかし、陰と陽に分けられたものにも、さらに陰と陽に相対する二面があります。たとえば、男性は陽で女性は陰ですが、男性も激しく動き回っているとき（陽）があれば、静かに休んでいるとき（陰）もあります。つまり、陰陽は固定しているわけではありません。時や場所、相互の関係性に応じて変化するのです。そして、その陰と陽は絶妙なバランスを保つことによって安定しているのです。

●主な陰と陽●

事柄	陰	陽
宇宙	地	天
	月	太陽
日照	夜	昼
	日陰	日なた
季節	秋冬	春夏
温度	寒い	暑い
性別	女	男
運動	下降	上昇
	静止	運動

陰陽論と東洋医学

陰陽論はさまざまな分野で用いられていますが、東洋医学でも体全体を陰と陽に分けています。東洋医学では、陰と陽のバランスが崩れたときに病気が起こると考えられており、崩れたバランスを整える働きが自然治癒力です。ツボ押しやマッサージは、そうした自然治癒力を高めるために行ないます。

● 生体における陰と陽 ●

事柄	陰	陽
上下	下半身	上半身
背と腹	お腹側	背中側
内外	内蔵	体表
気血	血	気
寒熱	冷え気味	熱っぽい
脈	遅く小さい	速く大きい
体臭	弱い	強い
内臓	充実性	管状

● 陰証と陽証 ●

病気の症状についても、陰証と陽証に分けられています。

陰証

反応が非活動的、寒性

寒がり
温かいものを好む
顔面蒼白
低体温気味
背部、腰部、首周囲を寒がる
脈が遅い
薄い尿で頻尿
便臭が無い

陽証

生体反応が活動的、熱性

暑がり
冷水を好む
顔面が紅潮
高体温傾向
舌先が赤い
脈が速い
頻尿で量が多い
便臭が強い

五行説

陰陽論と同様に、東洋医学の基本となる考え方
「五行説」を紹介します

五行説とは

東洋医学の基本となる、五行説では、自然界すべてのものを「木」「火」「土」「金」「水」と象徴的な5つの性質に分類し、動物の体や管状にも関係していると考えます。人間や動物の内蔵を五行説に沿って5つに分類すると、「肝臓」が「木」、「心臓」が「火」、「脾臓」が「土」、「肺」が「金」、「腎臓」が「水」と対応しています。また、感情も五行説で分類することができます。「喜」が「木」、「楽」が「火」、「怨」が「土」、「怒」が「金」、「哀」が「水」と対応しています。
内蔵や肝臓、体の部位を五行に分類することで、次のようなことがわかります。たとえば、肝臓の働きが低下すると、同じ「木」である目や爪に不調が表れやすく、感情ではイライラしたり怒りっぽくなります。肝の変調を整えるためには、同じ「木」である酸味が強いものを食べるのが有効とされています。
東洋医学では、内蔵や肝臓、季節、色等も五行という5つの性質で密接に関係し合っていると考えます。はっきりした体の不調だけでなく、「怒りっぽくなった」「味の好みが変わった」など、些細な変化も実は体からの不調のサインなのです。

● 主な陰と陽 ●

	五臓	五腑	五情	五官	五華	五味
木	肝臓	胆	喜	目	爪	酸
火	心臓	小腸	楽	舌	面色	苦
土	脾臓	胃	怨	口	唇	甘
金	肺	大腸	怒	鼻	毛	辛
水	腎臓	膀胱	哀	耳	髪	鹹《しおからい》

五行相《そう》生《せい》説と五行相《そう》克《こく》説

五行はお互いに支え合い、協調し合ったり、対立し合いながらバランスをとっています。対立の関係と言ってもお互いのエネルギーを消耗し合うのではなく、相手のエネルギーが過剰にならないようにバランスをとる関係にあります。

内蔵の相生、相克説

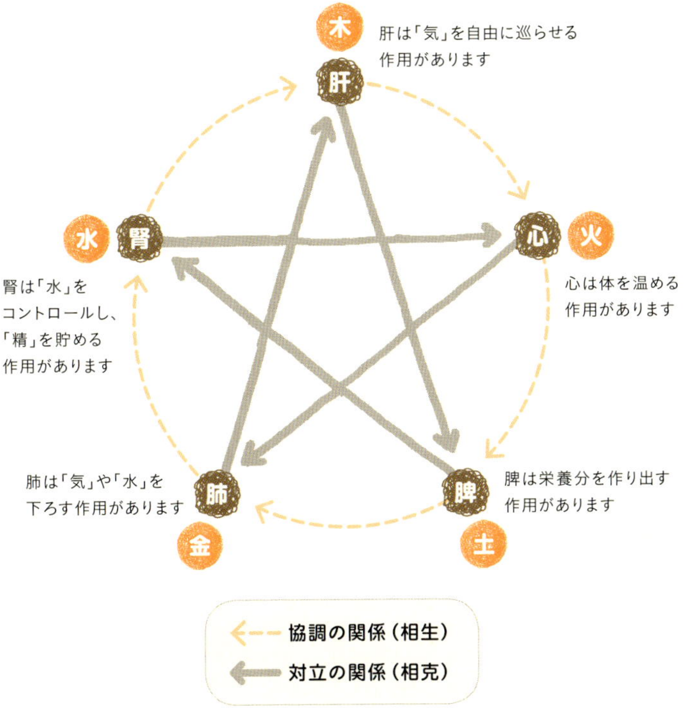
木
肝
肝は「気」を自由に巡らせる
作用があります
火
心
心は体を温める
作用があります
土
脾
脾は栄養分を作り出す
作用があります
金
肺
肺は「気」や「水」を
下ろす作用があります
水
腎
腎は「水」を
コントロールし、
「精」を貯める
作用があります
協調の関係（相生）
対立の関係（相克）

Let's study

経絡とツボ

猫の体を巡っている「経絡」と「ツボ」と、それぞれの効能を紹介します

経絡

人間を含めた動物の体内には縦に太い「経脈《けいみゃく》」が貫かれており、横に細い「脈絡《みゃくらく》」が網の目のように張り巡らされています。「経脈」と「脈絡」を総称して「経絡《けいらく》」と呼ばれていますが、経絡の中には、動物の体と心のバランスを調整・維持する「気」「血」「水」が流れています。経絡はそれぞれ、体の内臓器官に属していて、中でももっとも重要な経絡が「肺経」「大腸経」「胃経」「脾経」「心経」「小腸経」「膀胱経」「腎経」「心包経」「三焦経」「胆経」「肝経」の十二経脈です。経絡は「前肢経《ぜんしけい》」と「後肢経《こうしけい》」に分かれて、さらに陰陽に分類されます。また、十二経絡と協調しあう奇形八脈というものがあり、「督脈《とくみゃく》」と「任脈《にんみゃく》」が重要とされています。「督脈」は陽経の気をコントロールして、「任脈」は陰経の気をコントロールします。

水

リンパ液をはじめとする、免疫機能全般を司っています。滞ると肉球に大量の汗をかいたり、呼吸が荒くなったりします。また、水が不足すると尿の量が増えたり、便秘、手足の冷えなどの症状が出ます。

血

体の微調整をするエネルギーで、循環器や内分泌に関連する機能に関与します。血が不足すると皮膚が乾燥したり、目がかすむ、不眠になるなどの症状が出ます。血が滞ると皮膚が黒ずんだり、肩こりなどの症状が出ます。

気

生命の源。内蔵に深くかかわり、消化吸収機能を左右します。気の巡りが滞ると疲れやすい・だるい・気力がなくなるなどの症状が出ます。

十二経脈の巡回

体の日の当たる側を通っている経絡が陽経で、日陰になる側を通っている経絡が陰経です。経絡は「前《ぜん》肢《し》太《たい》陰《いん》肺《はい》経《けい》」からはじまって、後《こう》肢《し》厥《けつ》陰《いん》肝《かん》経《けい》まで連なって巡回しています。

●十二経絡の循環ルート●

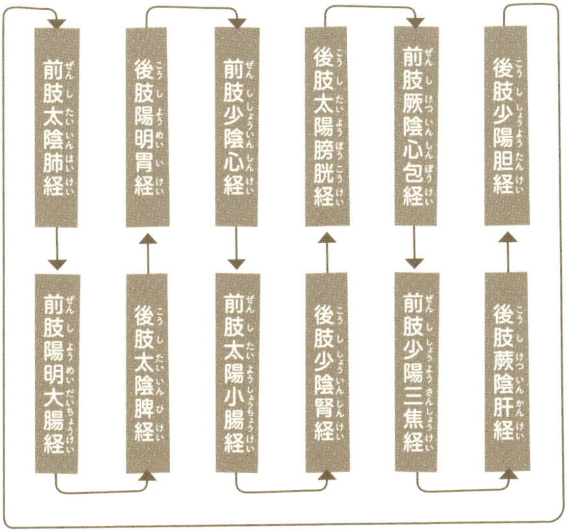

ツボ

ツボ（経穴《けいけつ》）とは、経絡上にある「気」が集中するポイントです。東洋医学では、経絡を流れている「気」「血」「水」の巡りが滞った状態のときに「病気である」と考えます。ツボを刺激することで滞った経絡内の「気」「血」「水」の巡りを改善して、免疫力を高め、猫本来の健康な状態に整えることが猫マッサージの基本です。

前《ぜん》肢《し》太《たい》陰《いん》肺《はい》経《けい》

流れ 首の上部から始まって、ワキの下を通り、前足の内側から手首、前足の指の第一関節まで。

主な作用 呼吸器系の疾患に有効とされています。前足のスネ側にあるツボは、知覚・運動障害の治療に有効です。

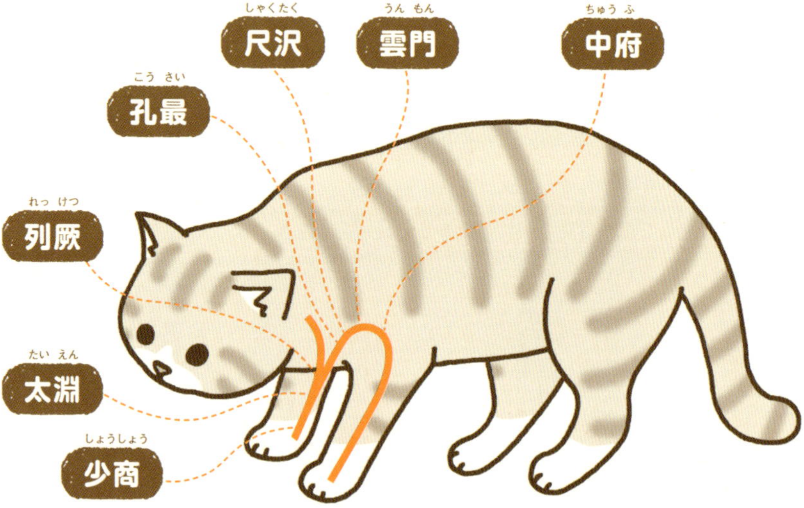

ツボの数 11 個

主なツボ

- 中府《ちゅうふ》 効果→咳、肩、前足の痛み
- 雲門《うんもん》 効果→前足、後ろ足の冷え
- 尺沢《しゃくたく》 効果→咳、発熱、熱中症
- 孔最《こうさい》 効果→喉の痛み、前足の痛み
- 列厥《れっけつ》 効果→首のコリ、顔面神経麻痺
- 太淵《たいえん》 効果→呼吸器系疾患、前足の痛み
- 少商《しょうしょう》 効果→嘔吐、てんかん

前《ぜん》肢《し》陽《よう》明《めい》大《だい》腸《ちょう》経《けい》

流れ 前足のひとさし指の内側から始まって、前足外側から肩を通って、鼻の両脇まで。

主な作用 顔面、鼻、歯、喉の疾患に有効とされ、皮膚病や運動障害の治療にも用いられます。また、下痢や腹痛などにも有効です。

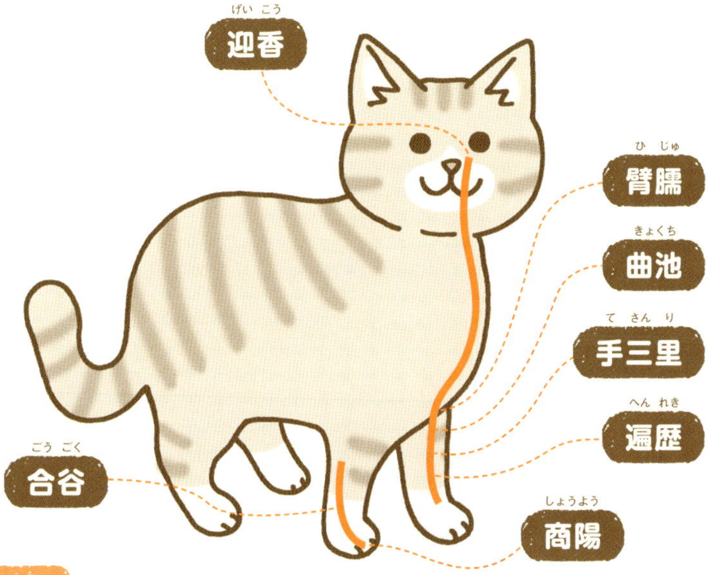

ツボの数 20 個

主なツボ

- 商陽《しょうよう》 効果→風邪、中毒、腹痛、喉のはれ
- 合谷《ごうごく》 効果→止痛、結膜炎、便秘、鼻水、鼻づまり
- 遍歴《へんれき》 効果→排尿困難、視力障害
- 手三里《てさんり》 効果→腹痛、下痢、歯の痛み、前脚の痛み
- 曲池《きょくち》 効果→喉痛、肩こり、結膜炎、熱射病、高血圧、消化器疾患
- 迎香《げいこう》 効果→鼻水、鼻づまり、発熱、風邪
- 臂臑《ひじゅ》 効果→肩関節炎、眼科疾患

Let's study

後《こう》肢《し》陽《よう》明《めい》胃《い》経《けい》

流れ　目の下に始まって、胸を通ってお腹の内側から後足の指まで。

主な作用　顔面、鼻、歯、喉の疾患に有効とされています。また、運動障害、胃腸の消化器系疾患の治療にも有効です。

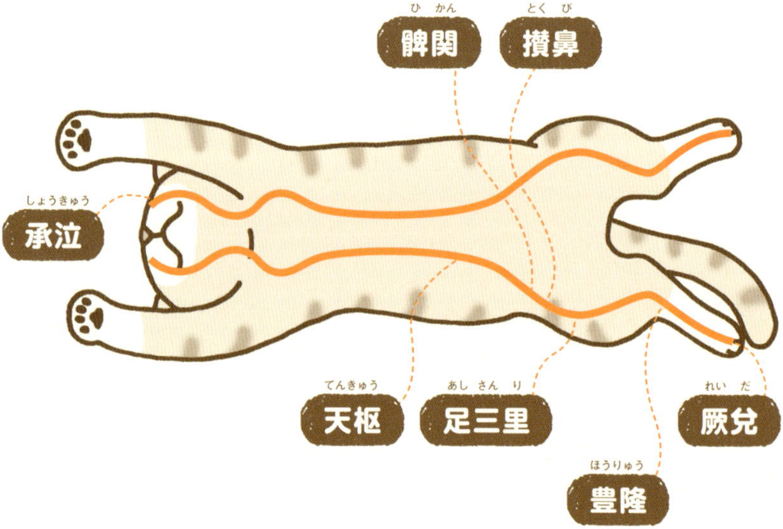

ツボの数　45 個

主なツボ

- 承泣《しょうきゅう》　効果→眼科疾患、風邪
- 天枢《てんきゅう》　効果→腹痛、子宮の病気
- 髀《ひ》関《かん》　効果→股関節の病気
- 攢《とく》鼻《び》　効果→ヒザの病気
- 足《あし》三《さん》里《り》　効果→消化器の病気、咳、産後不良
- 豊隆《ほうりゅう》　効果→めまい、咳、胃腸疾患
- 厥《れい》兌《だ》　効果→熱中症、便秘、腹痛

後《こう》肢《し》太《たい》陰《いん》脾《ひ》経《けい》

流れ　後足の内側に始まって、腰の内側を通り、腹〜胸に達するところまで。

主な作用　後足の運動障害の治療に有効です。消化器系の疾患や慢性疲労にも有効で、メスの婦人科系疾患の治療にも有効です。

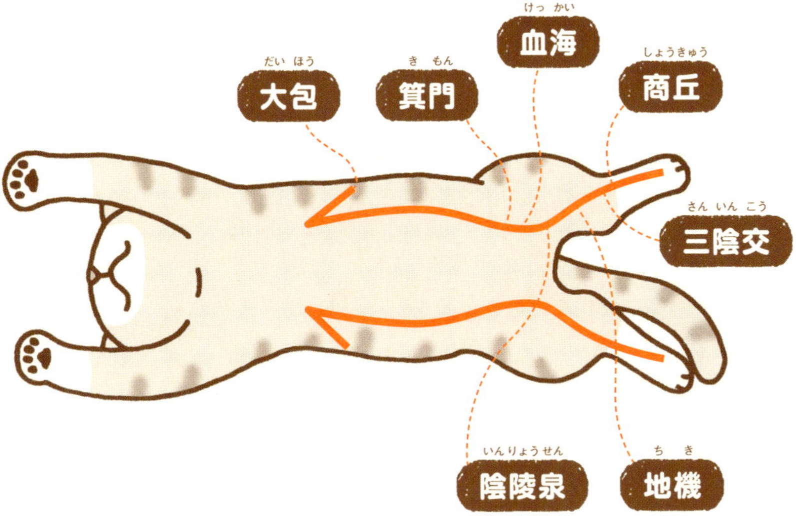

ツボの数　21 個

主なツボ

- 商丘《しょうきゅう》　効果→腹痛、足先の痛み
- 三陰交《さんいんこう》　効果→婦人病、泌尿器系疾患
- 地機《ちき》　効果→腹痛、ヒザの痛み
- 陰陵泉《いんりょうせん》　効果→尿疾患、排尿困難
- 血海《けっかい》　効果→腹痛
- 箕門《きもん》　効果→腰、股関節の痛み
- 大包《だいほう》　効果→中毒、呼吸困難

前《ぜん》肢《し》少《しょう》陰《いん》心《しん》経《けい》

流れ

胸に始まって、ワキの下に達し、前足の内側から、前足の小指の内側まで。

主な作用

心臓、循環器系、神経や意識の障害の治療に用いらます。前足の運動障害の治療にも有効です。

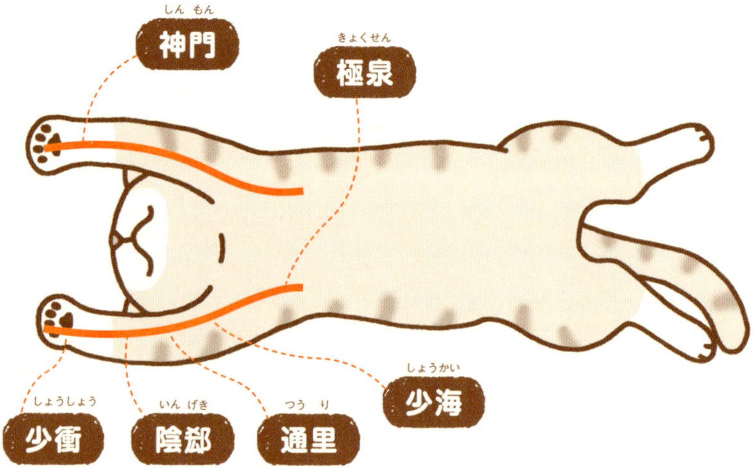

ツボの数

9 個

主なツボ

- 極泉《きょくせん》　効果→前足上部、ヒジの痛み
- 少海《しょうかい》　効果→心痛、ヒジの痛み、精神的疾患
- 通里《つうり》　効果→喉の痛み、前足の痛み
- 陰郄《いんげき》　効果→前足の痛み、尿失禁、血尿
- 神門《しんもん》　効果→問題行動、認知症
- 少衝《しょうしょう》　効果→発熱、心痛

前《ぜん》肢《し》太《たい》陽《よう》小《しょう》腸《ちょう》経《けい》

流れ　前足の小指の外側から前足外側、肩、首を通って耳まで。

主な作用　顔や耳の疾患、神経や筋肉の疾患に有効です。

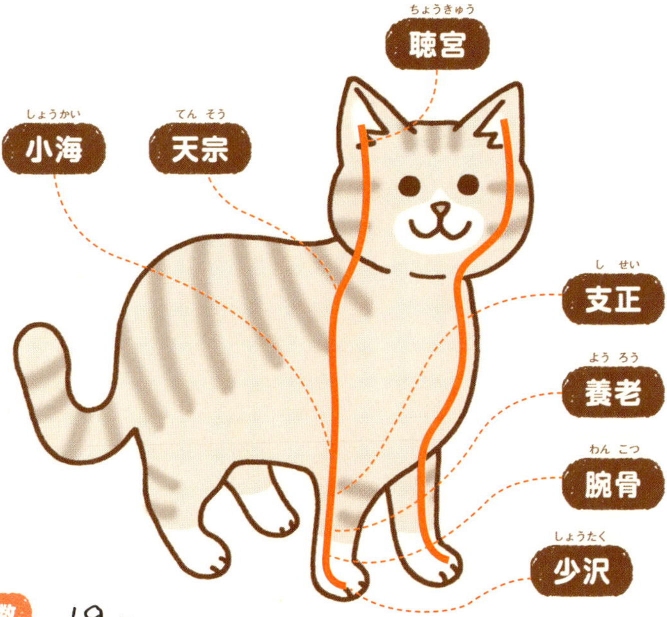

ツボの数　19 個

主なツボ

- 少《しょう》沢《たく》　効果→発熱、乳汁分泌不足、喉のはれ、結膜炎
- 腕《わん》骨《こつ》　効果→発熱、前足の血網、胃腸炎
- 養《よう》老《ろう》　効果→腰痛、眼の充血
- 支《し》正《せい》　効果→ヒジの痛み、手の痛み、発熱
- 小《しょう》海《かい》　効果→肩の痛み、背の痛み、ヒジの痛み
- 天《てん》宗《そう》　効果→肩、前足の痛み
- 聴《ちょう》宮《きゅう》　効果→耳の病気、歯の痛み

後《こう》肢《し》太《たい》陽《よう》膀《ぼう》胱《こう》経《けい》

流れ　目の内側から始まって、肩の内側、腰からヒザの裏を経由して、後ろ足の小指の外側まで。

主な作用　目、後頭部、背中、腰の疾患に有効です。また、泌尿器、生殖器の疾患の治療にも用いられます。むくみや排尿障害にも有効です。

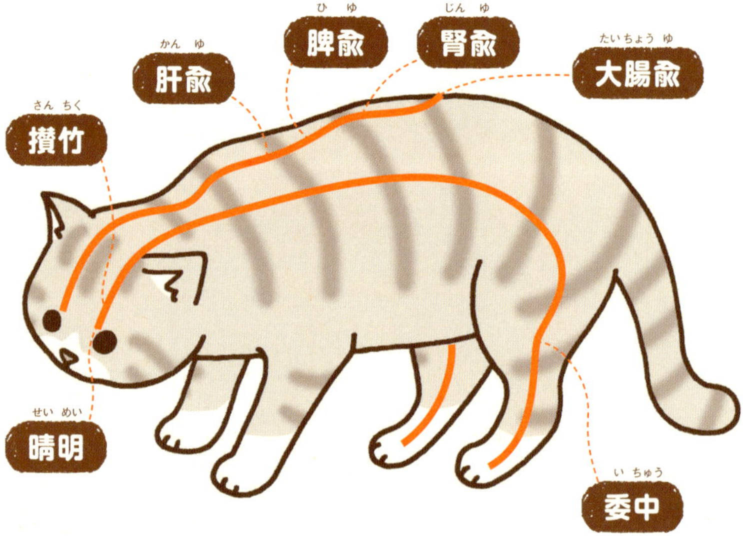

ツボの数　67 個

主なツボ

- 睛明《せいめい》　効果→結膜炎、角膜炎
- 攢竹《さんちく》　効果→頭痛、めまい、副鼻腔炎
- 肝兪《かんゆ》　効果→黄疸、眼疾患、消化器
- 脾兪《ひゆ》　効果→嘔吐、下剤、貧血
- 腎兪《じんゆ》　効果→老化防止、腰痛、消化不良、腎炎
- 大腸兪《だいちょうゆ》　効果→腸炎、血尿、股関節の痛み
- 委中《いちゅう》　効果→腰痛、ヒザの痛み、消化不良

後《こう》肢《し》少《しょう》陰《い》腎《じん》経《けい》

流れ 後足の裏から始まり、膝関節の内側を通って、腹部から胸まで。

主な作用 足の裏や、股関節の運動障害の治療に有効です。泌尿器や生殖器の疾患、むくみにも有効です。

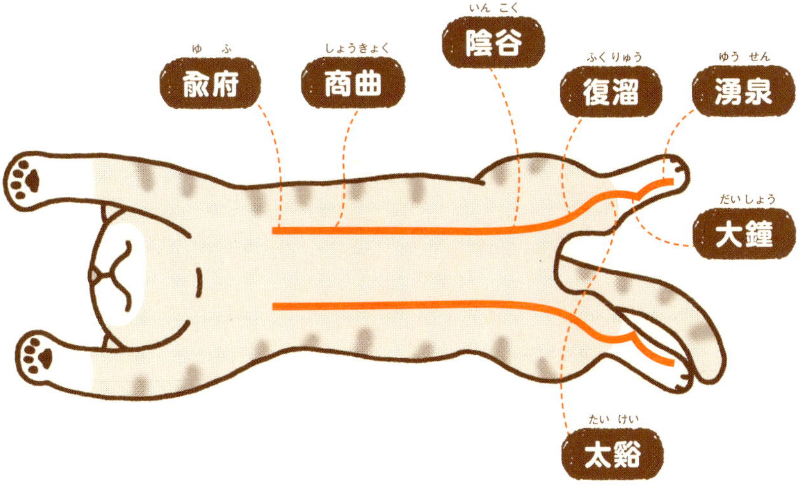

ツボの数 27 個

主なツボ

- 湧《ゆう》泉《せん》 効果→喉の痛み、排尿疾患、後足の痛み
- 太《たい》谿《けい》 効果→歯の痛み、糖尿病、性ホルモン不調、腰痛
- 大《だい》鐘《しょう》 効果→食欲不信、腰痛、心痛
- 復《ふく》溜《りゅう》 効果→むくみ、下痢、後足の痛み
- 陰《いん》谷《こく》 効果→腹痛、泌尿器系疾患、ヒザ関節の痛み
- 商《しょう》曲《きょく》 効果→腹痛、下痢、便秘
- 兪《ゆ》府《ふ》 効果→胸の痛み、心臓病、ヒザの痛み

前《ぜん》肢《し》厥《けつ》陰《いん》心《し》包《ぼう》経《けい》

流れ 胸中から始まり、両前足の小指内側まで。

主な作用 心臓、循環器系、精神障害の治療に有効です。また、ストレスによる心身の疲れにも有効です。

ツボの数 9 個

主なツボ

- 曲沢《きょくたく》 効果→嘔吐、ヒジの痛み
- 郄門《げきもん》 効果→胸の痛み、前足の痛み
- 内関《ないかん》 効果→嘔吐、胸の痛み、発熱、ヒジの痛み
- 大陵《だいりょう》 効果→心痛、胸の痛み、嘔吐
- 労宮《ろうきゅう》 効果→口内炎、口臭、ヒジの痛み
- 中衝《ちゅうしょう》 効果→発熱、熱中症、イライラ

前《ぜん》肢《し》少《しょう》陽《よう》三《さん》焦《しょう》経《けい》

流れ 前足の薬指の外から始まって、前足外側に達し、肩を経由して、目の外側まで。

主な作用 顔面、目、耳の疾患に有効です。また、胸脇の部分、後足の知覚、運動障害の治療にも用いられます。むくみや排尿障害にも有効です。

ツボの数 23 個

主なツボ

- 関衝《かんしゅう》　効果→結膜炎、喉の痛み、発熱、指の痛み
- 液門《えきもん》　効果→食欲不信、中毒
- 外関《がいかん》　効果→便秘、前足の痛み、発熱、肩こり
- 臑会《じゅえ》　効果→便秘、前足の痛み
- 翳風《えいふう》　効果→耳のトラブル、歯の痛み、顔面神経麻痺
- 耳門《じもん》　効果→外耳炎、腹痛、風邪
- 糸竹空《しちくくう》　効果→頭痛、口のゆがみ

後《こう》肢《し》少《しょう》陽《よう》胆《たん》経《けい》

流れ 目の外側から始まって、肩の下、体の側面から後足の内側まで。

主な作用 頭部、目、耳の疾患に有効です。後ろ足の運動障害にも有効です。

ツボの数 44 個

主なツボ

- 瞳《どう》子《し》髎《りょう》 効果→結膜炎、視力減退、神経疾患
- 風《ふう》池《ち》 効果→睡眠障害、緑内障、鼻づまり、風邪
- 肩《けん》井《せい》 効果→肩こり、難産
- 環《かん》跳《ちょう》 効果→腰痛、股関節の痛み
- 陽《よう》陵《りょう》泉《せん》 効果→ヒザの痛み、嘔吐、肝臓疾患
- 外《がい》丘《きゅう》 効果→後足のこわばり、首のこわばり
- 足《あし》竅《きょう》陰《いん》 効果→耳の疾患、発熱、熱中症

後《こう》肢《し》厥《けつ》陰《いん》肝《かん》経《けい》

流れ　後足の内側から腹部を経由して、胸まで。

主な作用　後足の疾患、運動障害の治療に有効です。生殖器系、婦人科系の治療にも用いられます。

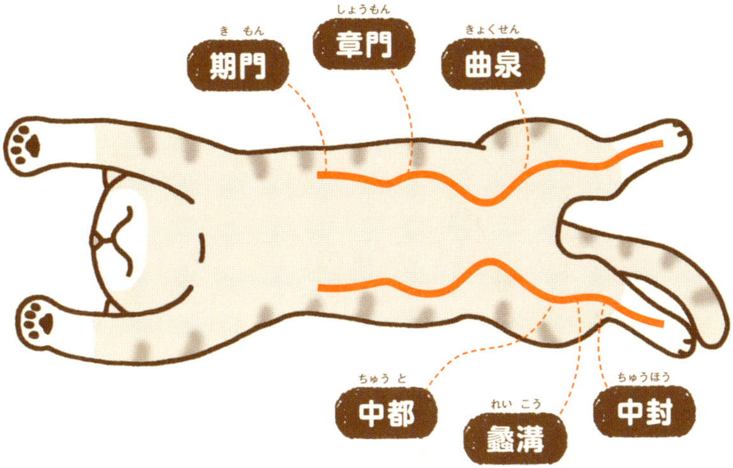

ツボの数　14 個

主なツボ

- 中封《ちゅうほう》　効果→腹痛、排尿困難、後足の麻痺
- 蠡溝《れいこう》　効果→膀胱炎、ヘルニア、後足の痛み
- 中都《ちゅうと》　効果→下痢、生殖器系疾患
- 曲泉《きょくせん》　効果→子宮の疾患、膀胱炎、ヒザの痛み
- 章門《しょうもん》　効果→腹痛、下痢、嘔吐
- 期門《きもん》　効果→黄疸、結膜炎、角膜炎、ワキの痛み

督《とく》脈《みゃく》

流れ お尻から始まり、背中の中央を通り、口の上まで。

主な作用 陽経を統括し、陽の気をコントロールしています。頭頂部のツボは、鎮静作用があり、背中のツボは呼吸循環器系の調整に作用します。背中の中部にあるツボは、消化器系、泌尿器系、腰痛にも有効です。

ツボの数 28 個

主なツボ

- 後《こう》海《かい》 効果→便秘、下痢、脱肛、不妊症、生殖機能調整
- 腰《こし》陽《よう》関《かん》 効果→腰・股関節疾患、性機能減退、子宮内膜炎、破傷風
- 命《めい》門《もん》 効果→腰痛、尿閉、腎炎、破傷風
- 懸《けん》枢《すう》 効果→腰背痛、消化器障害
- 脊《せき》中《ちゅう》 効果→脊椎疾患、黄疸、出血性疾患、脾胃疾患、食欲不振
- 人《じん》中《ちゅう》 効果→ショック、気管支炎、熱中症、風邪

任脈《にんみゃく》

流れ お尻から始まり、腹部を通り、口の下まで。

主な作用 陰系を統括し、陰の気をコントロールします。特に下腹部にあるツボは、秘尿、生殖器系、婦人科系の疾患に有効で、腹部にあるツボは消化器系に有効です。

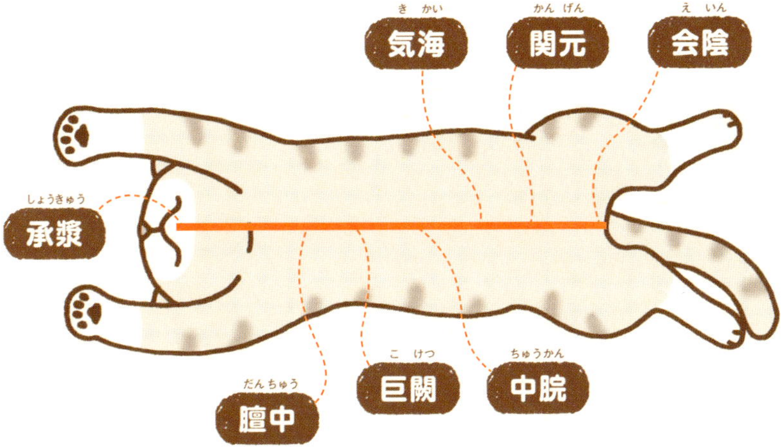

ツボの数 24 個

主なツボ

- 会陰《えいん》 効果→排尿困難、性ホルモン失調
- 関元《かんげん》 効果→不妊症、膀胱炎
- 気海《きかい》 効果→婦人病、ヘルニア、便秘、下痢
- 中脘《ちゅうかん》 効果→食欲不信、ダイエット、消化不良
- 巨闕《こけつ》 効果→咳、腹痛、嘔吐
- 膻中《だんちゅう》 効果→心不全、肺炎、咳、気管支炎
- 承漿《しょうきゅう》 効果→顔面の腫れ、歯周病、歯痛

猫マッサージを始める前に

実際に猫マッサージを始める前に、
注意事項や覚えておきたいことをおさえましょう

猫マッサージの現象

猫マッサージは疾患やトラブルを単なる部位として捉えるのではなく、肉体的、精神的な猫の不調の原因や感情にも注意を向けて、全体的に観察し、心身のバランスを整えるためのものです。マッサージによって血行の巡りをよくし、細胞により多くの酸素を運搬し、老廃物を効率的に排泄します。さらに、猫とふれあうことによって、お互いの信頼関係を向上させる心理的な効果もあります。マッサージを通して猫ともっと仲よくなりましょう。

猫マッサージの基本

1.

リラックス状態で行なう

炎症、腫れ、外傷、骨折などがある場合は厳禁です。猫が発熱やショックを起こしている場合、妊娠、空腹、食後も控えてください。また、猫が嫌がっている場合は、かえってストレスになりますので、お互いがリラックスしている時間に行ないましょう。

2.

まずは慣らす

いきなりマッサージを行なうのではなく、じゃれあったりして少しずつ慣らしながら行ないましょう。

3.

猫を傷つけないように

自分と猫の爪の手入れをしっかりして、指輪、時計、ブレスレットは外しておきましょう。

4.

猫の全体を見る

マッサージする部分だけを見つめるのではなく、猫の全体を見ながら行なうように意識しましょう。

5.

反応を見てみよう

猫が「気持ちいい表情」をするのがいちばんですが、猫の「まんざらでもない顔」を確認しながら行ないましょう。

6.

効果を体感してみよう

自分でも猫と同じツボをマッサージして効果を体感してみましょう。感覚を確認することで、猫の気持ちがわかります。

7.

マッサージは「癒すもの」

猫マッサージは医療行為ではありません。

8.

愛情を込めよう

指先に「力」だけではなく、「愛情」を込めて行ないましょう。

Let's study

マッサージの基本テクニック

本書で基本となる、
7つの猫マッサージテクニックの練習をしてみましょう

1. ストローク

(さする)

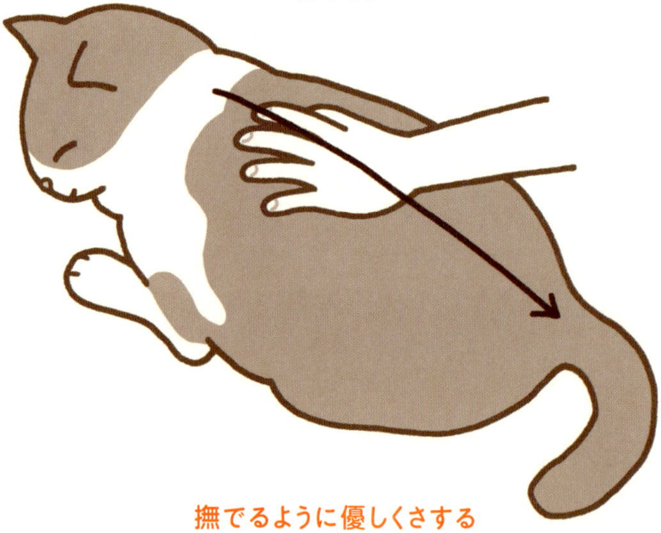

撫でるように優しくさする

手をブラシに見立てて、体と毛の流れに沿ってマッサージします。始めは優しくゆっくり、慣れてきたら少しずつ力を入れて、速く動かします。マッサージを行なう際には、親指以外の4本の指をそろえて、猫の体を撫でるように優しくさすります。

1. 親指でさする

少し力を入れて、さすります。

2. 親指以外の指でさする

親指よりも
やわらかくさすります。

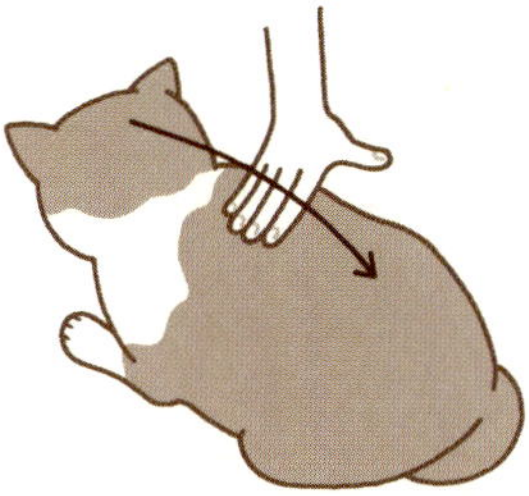

3. 手のひらの付根でさする

力を入れて、さすります。

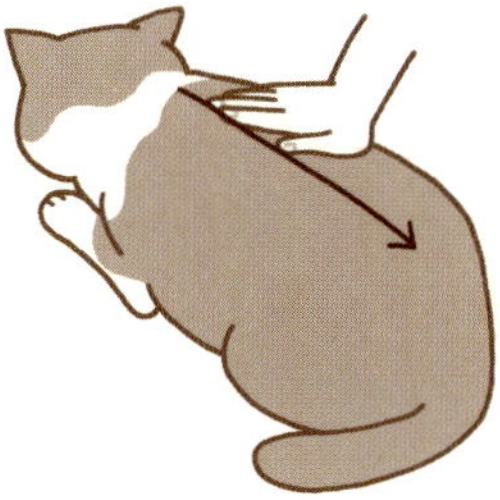

4. 手のひら全体でさする

広い面積をさする場合の
ストロークです。

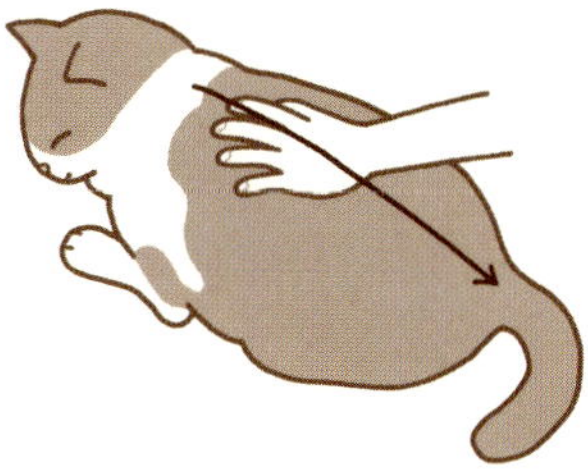

2.

円マッサージ

右回りの「の」の字で

人差し指、または中指を添えて、マッサージする部位をひらがなの「の」の字でマッサージします。とくに決められた範囲を念入りにマッサージするときに用います。「の」の字は猫からみて、右回りに書いてください。

3.

もみもみ

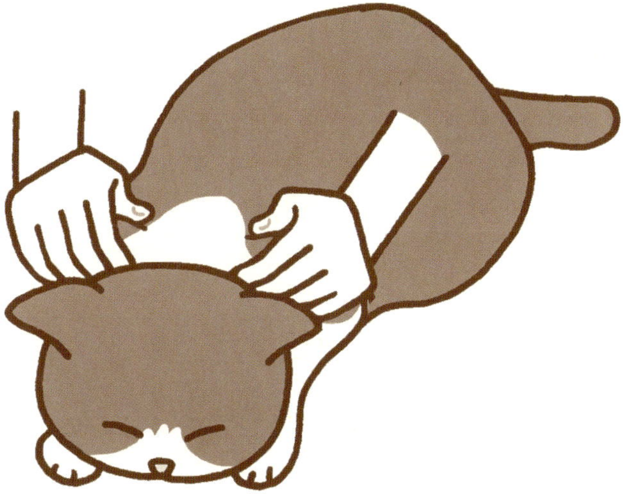

挟み込むようにもむ

親指と人差し指、中指を添えて、マッサージする部位を挟み込むようにもみもみします。肩もみの要領で行なってください。筋肉の豊富な、首から背中にかけての部位の硬直をほぐすときに用います。

4.

指圧

point

ツボに人差し指をおいて、「1、2、3」と数えながら少しずつ力を入れます。そのまま3〜5秒キープして、また「1、2、3」と数えながら少しずつ力を抜きます

指でツボを刺激する

ツボを指で押して刺激する手法です。人差し指で指圧するのが一般的で、人差し指の腹を使ってマッサージします。足の裏や細かい部分には、綿棒を使ってマッサージします。

5.

たたく

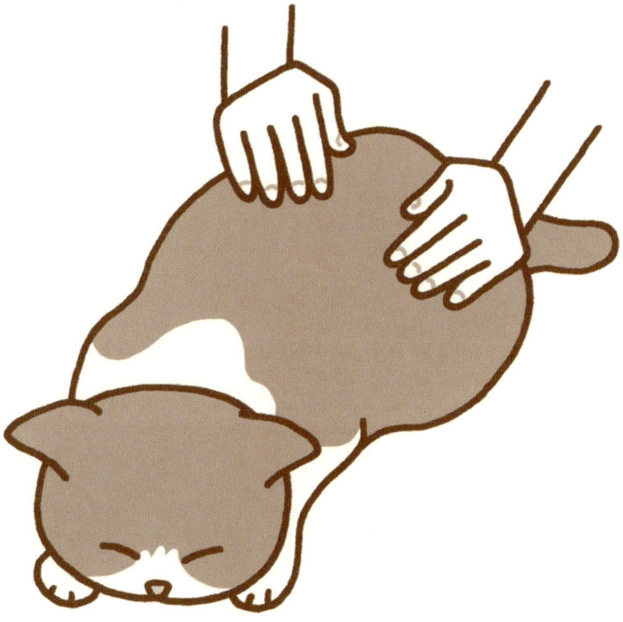

力を入れず、あくまで「軽く」

5本の指をそろえて、指の付根から軽く手を曲げて、手のひらを丸くします。その状態で「カポッ、カポッ」という音を立てるように皮膚を軽くたたきます。軽く拳を握ってたたいても有効です。力を入れすぎないように注意してください。

6.

ピックアップ

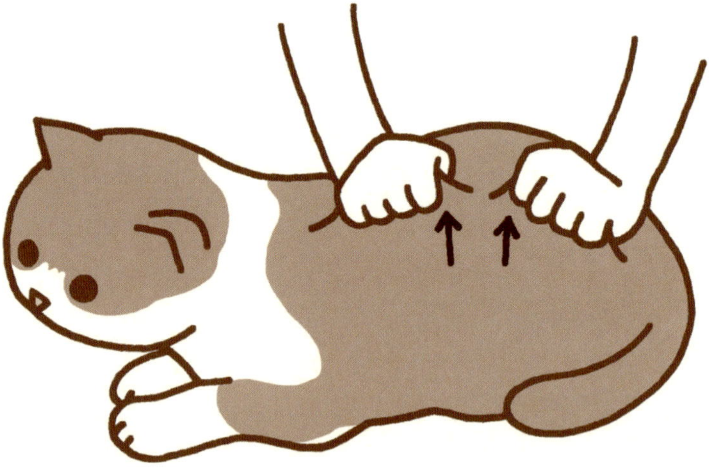

皮膚をつまんで引っぱる

皮膚を手でつまみ、引っぱり上げるマッサージです。猫の皮膚は体全体の約20%を占めていて、皮膚は体のバリアをする役目を果たしているので、しっかりほぐしましょう。また、猫は人間にくらべて皮膚や皮下組織が発達しています。特に背中の皮膚には経絡やツボがたくさんあるので、効果的です。

7.

ツイスト

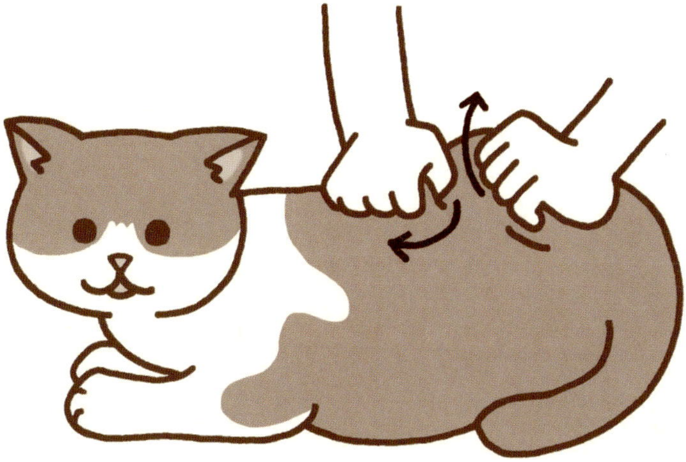

ピックアップしながら前後にひねる

左ページでピックアップをした皮膚を両手で前後にツイストします。皮膚への効果的なマッサージです。引っぱりすぎないように注意。

column

猫のダイエット

「最近うちの猫太ってきたんじゃ……」と感じても、無理なダイエットをさせるのは危険。猫の理想的なダイエットの目安は、１週間に体重の１～２％を落とす程度だと言われています。軽い運動やマッサージで体重が落ちない場合は、ごはんの量を少し減らしたり、食事回数を1日4～6回に分けて細かく与えます。ます。猫の後ろ姿を見て、腰のくびれが無くなったなと感じたら意識してみましょう。ごはんの量を減らす場合、栄養不足にならないよう、かかりつけの動物病院に相談してください。

▶ chapter 2

基本のリンパマッサージ

リンパとは

健康保持のため、

ツボと合わせてリンパの流れも促進しましょう

リンパのしくみ

動物の体の中には、無数のリンパ管が網の目のように分布しています。リンパ液が流れるリンパ管が集中している中継地点をリンパ節といいます。リンパ節は首、ワキの下など全身にあります。米粒くらいの大きさで、個体差はありますが、全身に約800個くらいあります。

リンパが滞る原因

運動不足の時はリンパ管に適度な圧力がかからなくなるため、リンパ液の流れが悪くなります。冷え性や低体温などによって血液循環が悪くなったり、ストレスで血管の収縮や筋肉の緊張をおこした時も、リンパ液は流れにくくなります。また、排尿の回数が少なかったり、塩分のとり過ぎや加齢によってもリンパの流れが滞ることがあります。

4大リンパ節とリンパの最終出口

動物にリンパマッサージを行なうにあたり、主軸となるのは「4大リンパ節」と「リンパの最終出口」です。4大リンパ節とは、体表の近くにある特に重要で大きなリンパ節のことで「頸部《けいぶ》リンパ節」「腋窩《えきか》リンパ節」「鼠径《そけい》リンパ節」「膝窩《しっか》リンパ節」をさします。またリンパの最終出口は左骨甲骨の前縁にあります。

「頸部リンパ節」

このリンパが滞ると、顔がむくんだり、外耳炎や口内炎が治りにくくなります。

「鼠径リンパ節」

下半身へリンパ液が流れ込む大動脈的な場所で、滞るとむくみや皮膚のたるみなどを発病します。

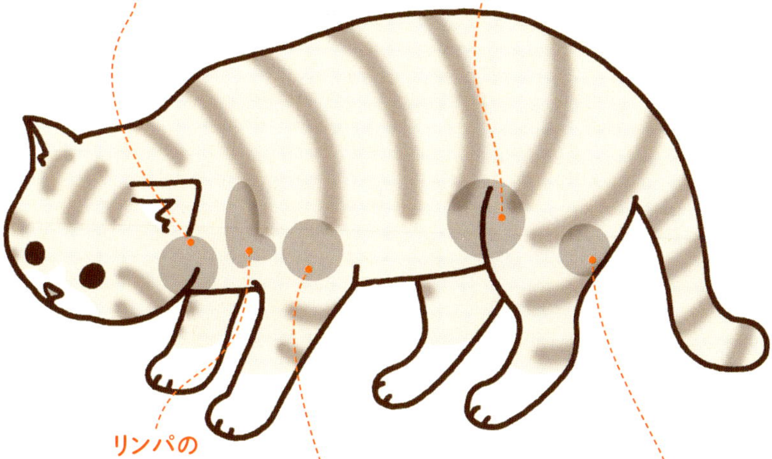

「腋窩リンパ節」

このリンパに痛みを感じるときは、風邪の兆候がみられます。

「膝窩リンパ節」

このリンパ節が滞るとヒザが痛い、足が痛い、足に張りがなくなるなどの症状が出ます。

4大リンパ節マッサージ

健康の保持、増進のために猫マッサージを始める前に、基本のマッサージを行ないましょう。動物の体内に網の目のように分布しているリンパ管が集中する中継地点をリンパ節といいます。その中でも、57ページで紹介した主要なリンパ節を毎日マッサージすることで、体内にたまった疲労物質や、老廃物等を排出し、免疫力を強化して病気を防ぎます。

1 リンパの最終出口をさする

はじめに、リンパの最終出口(左骨甲骨の前縁)を、親指以外の4本の指をそろえて優しくさすり、リンパの最終出口を開きます。

2 頸部リンパ節のマッサージ

親指以外の4本の手をそろえて、頬から首に向かって優しくさすります。さらに、リンパの流れをイメージしながら、首から肩に優しくなでおろします。

3 背中のマッサージ

5本の指をそろえ、軽く手を曲げた状態で、背中を優しくたたいて全身のリンパに軽く振動を与えます。

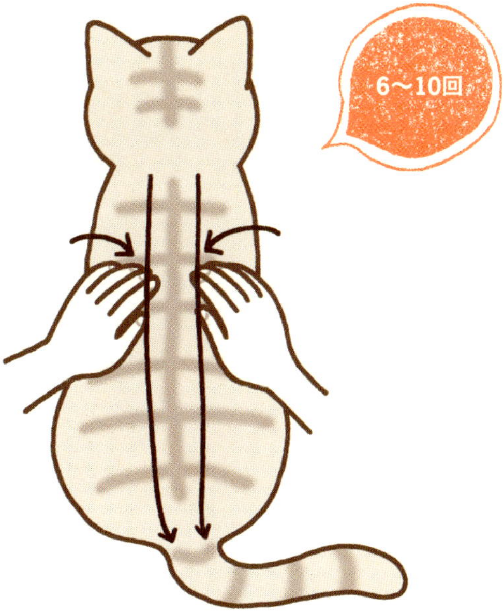

左右
各6〜10回

4 肩〜前肢のリンパ節

肩から前足のツマ先まで「の」の字を書くようにクルクルとさすります。

5 腋窩リンパ節

猫の背後からワキに両手を回し、人差し指の側面をワキの付根に当てて軽く握るようにもみます。

左右
各6〜10回

6

鼠径リンパ節

猫の背後から内股に両手を回し、指の第二関節部分を使って鼠径リンパ節を軽く押しもみします。

7

膝窩リンパ節

膝窩リンパ節の上下部位をそれぞれ両手の親指と人差し指、中指でつかむように交互にもみます。

顔のマッサージ

顔に溜まった老廃物は、顔面のむくみの原因となります。顔の老廃物を下顎リンパ節に集めて、スムーズに排泄しましょう

1 顔をさする

6～10回

親指で、口角から耳の付根に向かってさすっていきます。同様に鼻端、目の下、眉毛の内側からも耳の付根に向かってさすっていきます。

2 耳の後方～首の付根まで円マッサージ

左右
各6～10回

耳の後方から首の付根に向かって円マッサージをします。

左右
各6〜10回

3 耳の付根をもむ

耳の付根を親指と人差し指でもみもみします。

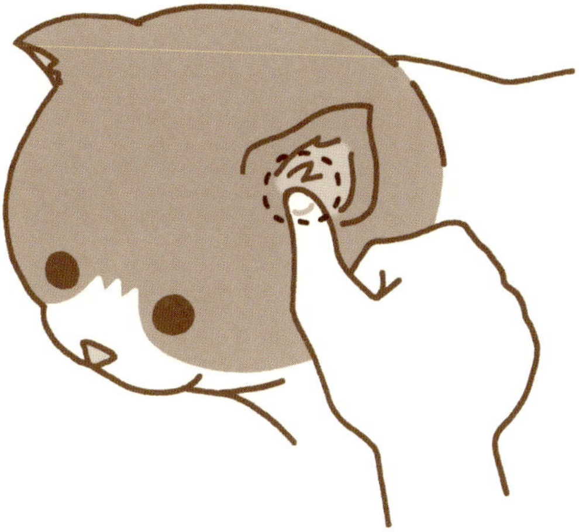

4 太陽をマッサージする

親指で目尻の外側にある太陽を円マッサージします。

左右
各6〜10回

各6〜10回

5 攅竹《さんちく》をもむ

親指で眉頭にある攅竹を押しながらもみもみします。

左右
各6〜10回

6 肩井《けんせい》をさする

肩井を親指をのぞいた指で、押しながら上下にさすります。

7 顔のピックアップマッサージ

52ページと同じ方法で顔のピックアップマッサージをします。

6〜10回

6〜10回

8 廉泉《れんせん》をピックアップ

のどぼとけの上あたりにある廉泉をピックアップします。

Let's study

手のツボマッサージ

前足にもたくさんのツボがあります。

その一部を紹介します

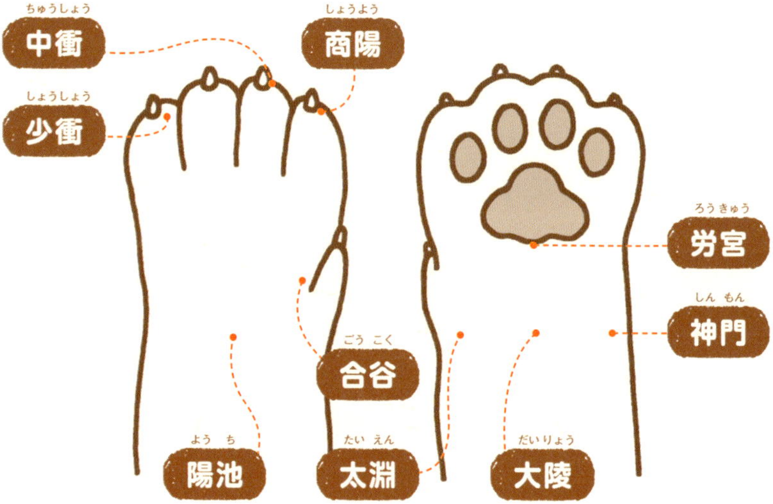

- **少衝《しょうしょう》**　第5指の内側爪の際
- **中衝《ちゅうしょう》**　第3指の内側爪の際
- **商陽《しょうよう》**　第2指の内側爪の際
- **合《ごう》谷《こく》**　第1指と第2指がぶつかるところの第2指側
- **陽《よう》池《ち》**　手首の甲側の中央
- **太《たい》淵《えん》**　手首の第1関節付根のくぼみ
- **大陵《だいりょう》**　手首ひら側の中央
- **労宮《ろうきゅう》**　手のひらの大きな肉球の付根中央
- **神《しん》門《もん》**　手首第5指の付根のくぼみ

顔のツボマッサージ

顔のツボは、むくみがとれたり

目の疲れをとる効果があります

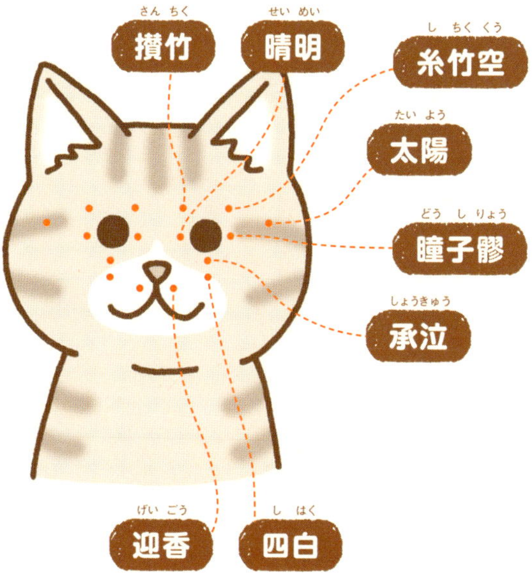

※左右対称です

- 晴《せい》明《めい》　目頭
- 攢《さん》竹《ちく》　晴明の上で、眉毛の内側
- 糸《し》竹《ちく》空《くう》　眉毛の外側
- 瞳《どう》子《し》髎《りょう》　目じり
- 承泣《しょうきゅう》　下眼の中央
- 四《し》白《はく》　承泣の下
- 迎《げい》香《ごう》　鼻孔の外側
- 太《たい》陽《よう》　眉毛の外側からやや外下方のくぼみ

column

猫のしっぽ

猫のしっぽは気分のバロメーターです。ここでは猫のしっぽから読み解ける猫のメッセージをご紹介します。基本的に、ゆらゆらとしっぽを揺らしているのは、リラックス気分のとき。何をしているわけでもないのに、穏やかな気分です。逆にイライラしていたり、激しく興奮しているときは、しっぽをバンバン激しく床にぶつけます。ジャンプに失敗したり、ゆっくりしているところを邪魔されたときに見られます。また、極度に緊張したり、驚いたりすると、しっぽをボワッと膨らませて威嚇します。

chapter 3

目的別マッサージ

（リラックス編）

肩こり

猫が「肩こった」と訴えることはありませんが、猫も人間同様に肩こりがあります。実際に「肩がこったな」と感じているかどうかはさておき、肩の周辺をさすると気持ちよさそうな顔をします。猫にも鎖骨はありますが、その役割は退化しています。そのため、体と前足を繋いでいる筋肉への負担が人間以上にかかっていると考えられます。さらに、ストレス、生活習慣病、目の疲れも、猫の肩を悪化させている要因です。

●肩井《けんせい》　肩甲骨前の左右のくぼみ（左右ひとつずつ）

●曲池《きょくち》　前足肘関節外側の、ヒジを曲げたときにできるシワの外側（左右ひとつずつ）

●搶風《そうふう》　肩関節の後ろのくぼみ（左右ひとつずつ）

基本の 肩こりマッサージ

左右
各6〜10回

1 肩への ストローク

背中、肩甲骨を上から下へ向かってストロークします。

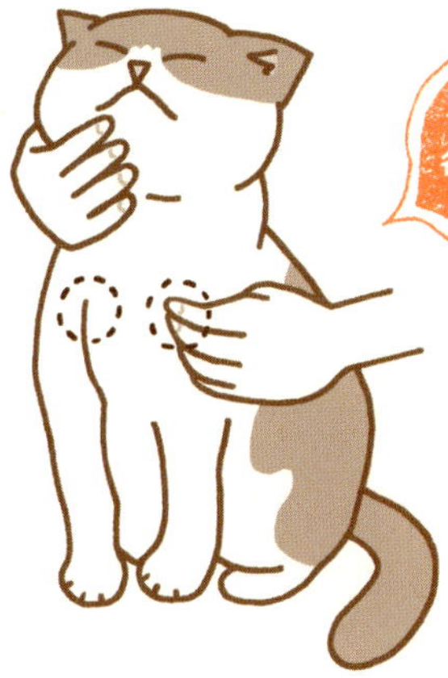

左右
各6〜10回

2 肩井への マッサージ

肩井を人差し指、中指、薬指で指圧します。
そのまま前足を持ち、前方に引っぱり、回すように持ち上げます。

左右
各8回

3 搶風の指圧

左右の搶風を指圧します。

4 頸部へのマッサージ

首の背中面にある項靭帯の左右を上から下に向かってもみもみマッサージを行ないます。

5 曲池の指圧

左右の曲池を指圧します。

6 督脈のピックアップ

両手で、背中の督脈をピックアップします。

ダイエット

最近の調査で、猫の4割が肥満であると報告があります。去勢や避妊手術による肥満、食生活の不摂生による不満、ストレスによる肥満など原因はさまざまです。肥満は病気ではありませんが腰痛、心不全、糖尿病、がん、アトピーなどの病気を引き起こす要因になります。肥満解消のためには、マッサージとあわせて、糖質、脂肪分を多く含むキャットフードを減らすなどの対策も行ないましょう。

- **渇点《かってん》**　左右の耳の穴の前、顔側にある小さな出っぱりのやや前にあるツボ（左右各ひとつずつ）
- **三陰交《さんいんこう》**　後足内側の内くるぶしとヒザを結ぶ線上のくるぶしから2/5のところ
- **養老《ようろう》**　前足首の外側で、小指から手首に向かう線上にある突き出た骨の下のへこみ
- **湧泉《ゆうせん》**　後ろ足のいちばん大きな肉球の付根（左右各ひとつずつ）
- **章門《しょうもん》**　肋骨のいちばん下の骨を胸から順にたどったところにある脇腹の出っぱり（左右各ひとつずつ）
- **攢竹《さんちく》**　眉毛の内側（左右各ひとつずつ）
- **糸竹空《しちくくう》**　眉毛の外側（左右各ひとつずつ）

ホルモンバランスの乱れによる肥満

1 お腹をさする

お腹を時計回りにゆっくりとさすります。

2 鼠径リンパ節をさする

鼠径リンパ節を手のひらで、内側に向かってさすります。

3 督脈のピックアップ

両手で、背中の督脈をピックアップします。
さらにツイストをします。

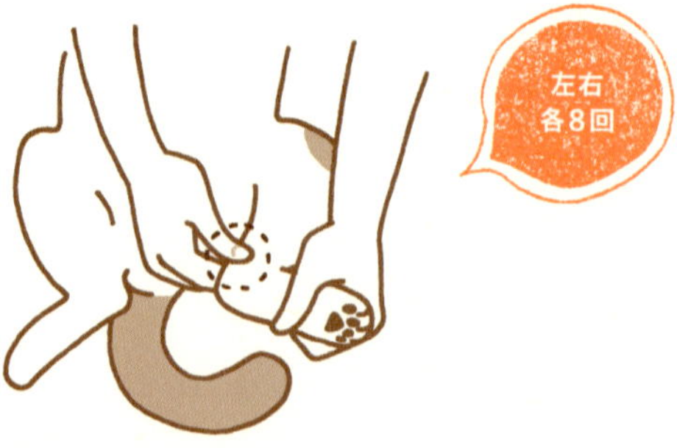

4 三陰交を指圧

後足内側にある三陰交を指圧します。

6〜10回

5 養老を指圧

前足首の外側にある養老を指圧します。

水太りによる肥満

6〜10回

1 お腹をさする

お腹を時計回りにゆっくりとさすります。

左右
各6〜10回

2 膀胱経をさする

ふくらはぎの付根から前方に向かって後足の内側にある膀胱経をさすります。

3 膀胱経をもむ

ヒザの後ろから、カカトにかけて膀胱経の経絡を親指と人指し指でもみもみマッサージします。

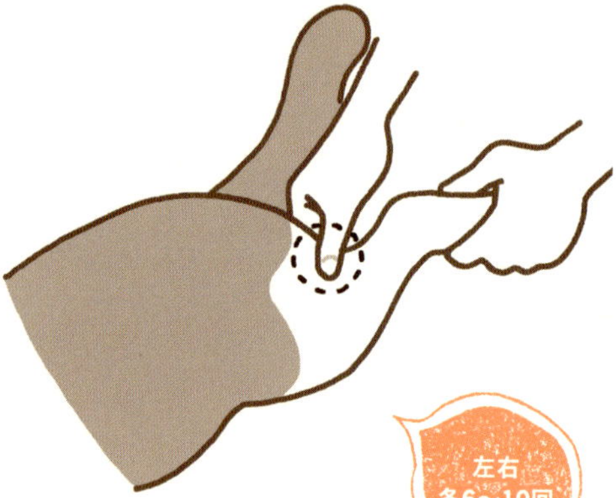

左右
各6〜10回

4 湧泉を指圧

後足裏にある湧泉を親指を使って足の先端に向かって指圧します。

左右
各6〜10回

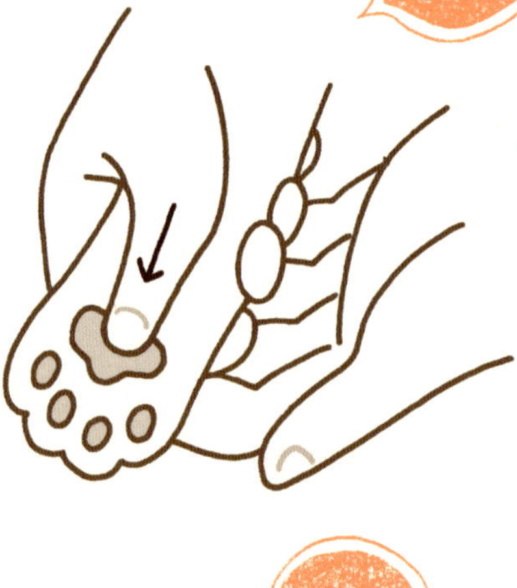

5 渇点を指圧

渇点を親指または人差し指を使って指圧します。

左右
各6〜10回

ストレスによる肥満

1 お腹をさする

お腹を時計回りにゆっくりとさすります。

2 脇腹をさする

肋骨の縁を胸から脇腹にかけてさすります。

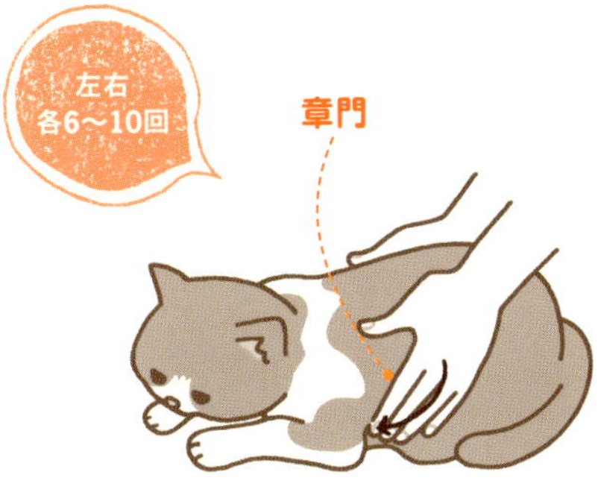

3 章門を指圧する

脇腹にある章門というツボを軽く指圧します。

4 攅竹～糸竹空までさする

眉毛の内側にある攅竹から眉毛の外側にある糸竹空まで、親指または人差し指でさすります。

ストレス解消

動物の体は、ストレスを感じるとコルチゾールというホルモンを分泌します。コルチゾールは脂肪を蓄積させやすくなるうえに食欲抑制ホルモンであるレプチンを減少させるため、肥満の原因にもなります。猫は、環境の変化によるストレスに大変敏感な動物です。ストレスがたまってしまうと、トイレの場所を間違えたり、攻撃をしたりさまざまな病気を誘発します。肥満や病気を発症する前に、こまめにマッサージして癒しましょう。

- 攢竹《さんちく》　眉毛の内側（左右各ひとつずつ）
- 糸竹空《しちくくう》　眉毛の外側（左右各ひとつずつ）
- 頭の百会《ひゃくえ》　両耳の付根を結び、背正中線と交わるところ
- 腰の百会《ひゃくえ》　骨盤の横幅がいちばん広いところと、背骨が交わるくぼみ
- 印堂《いんどう》　左右の攢竹の中央
- 液門《えきもん》　前足の薬指と小指の付根（左右各ひとつずつ）
- 丹田《たんでん》　ヘソの下で、ツボではなく部位

基本の
ストレス解消マッサージ

1 攅竹～糸竹空までさする

眉毛の内側にある攅竹から眉毛の外側にある糸竹空まで、親指または人差し指でさすります。

2 印堂～頭の百会をさする

両手で猫の頭を挟むようにして、親指で前から後ろにさすります。

3 頬のピックアップ

顔の両側の皮膚をピックアップします。猫が笑っているような表情になるのがポイント。

6～10回

4 液門を指圧

前足にある液門を指圧します。

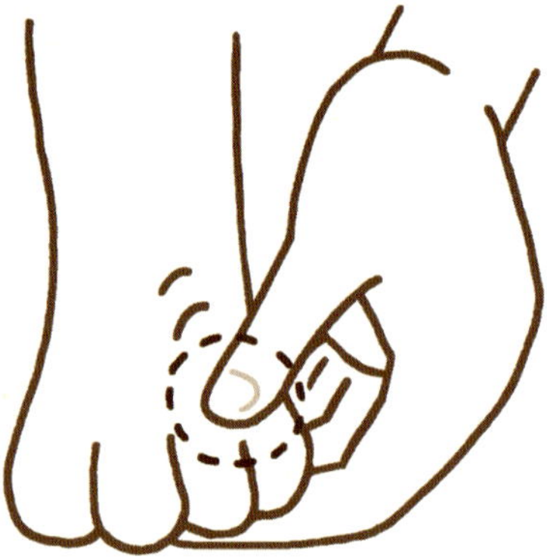

5 丹田をさする

6～10回

ヘソの下にある丹田を円マッサージします。猫の頭の中にたまったストレスを丹田に下ろすイメージでさすります。

歯ブラシマッサージ

後足の裏を歯ブラシを使って、ひらがなの「の」の字を書くようにブラッシングマッサージします。足の裏にある「失眠」というツボには心を落ち着かせる作用があります。

老化防止、免疫力向上

近年、猫の平均寿命が伸びています。これは医療の進歩や病気の早期発見、飼い主の意識の向上が要因とされています。しかし、寿命が伸びたからといって、元気に生活できなければ元も子もありません。東洋医学では、腎臓が衰えると精力や気力が減退して、元気がなくなると考えられています。マッサージでアンチエイジングするだけでなく、生活習慣病などで、体力や免疫力が低下しているときは、生命エネルギーのアップも計りましょう。

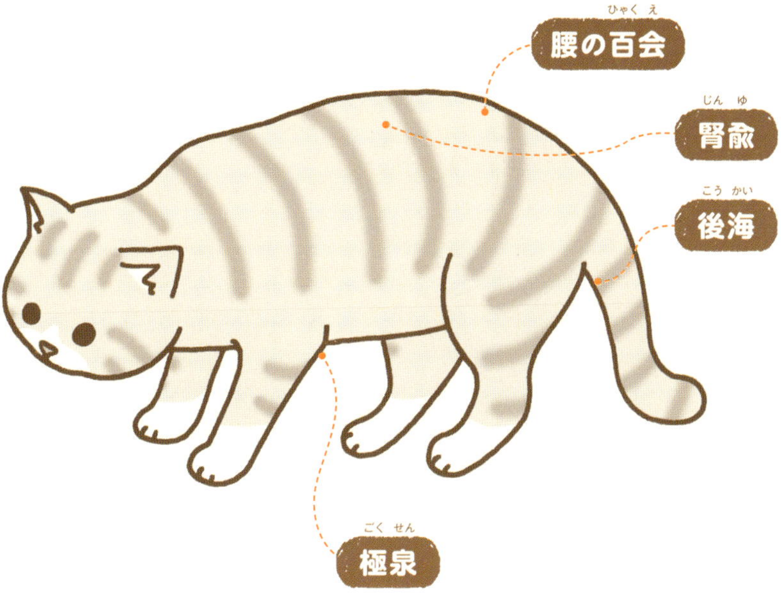

- **極《ごく》泉《せん》**　前足のワキの下（左右各ひとつずつ）
- **腎《じん》兪《ゆ》**　いちばん後ろの肋骨についている背骨から
ふたつ後ろの背骨の両側（左右各ひとつずつ）
- **後《こう》海《かい》**　肛門としっぽの付根のくぼみ
- **腰の百《ひゃく》会《え》**　骨盤のいちばん広い部分と背骨が交わるところ

基本の老化防止マッサージ

1 前足をさする

前足内側にある前足三陰経を、手首から腕にかけてゆっくりさすります。

左右
各6〜10回

2 腋窩リンパ節をもむ

ワキの下にある、腋窩リンパ節をもみます。

左右
各6〜10回

左右
各6〜10回

3 極泉をピックアップする

前足のワキの下にある、極泉をピックアップします。

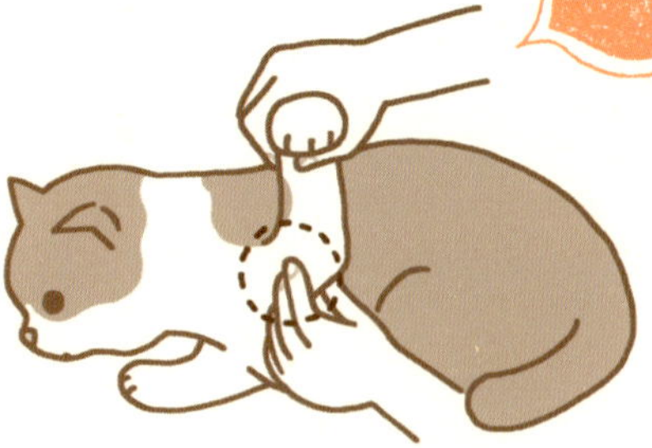

8回

4 腎兪をもむ

左右の腎兪を親指と人差し指、または中指を添えてもみもみします。

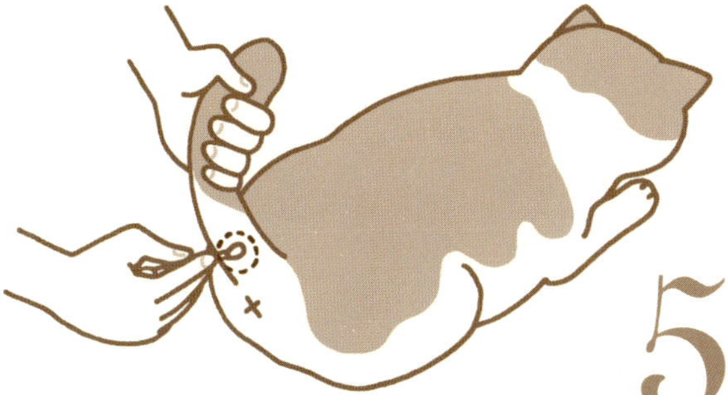

3〜5回

5 後海を指圧

綿棒を使って、後海を指圧します。

6〜10回

6 腰の百会〜頭の百会をピックアップ

腰の百会から頭の百会の督脈をピックアップします。

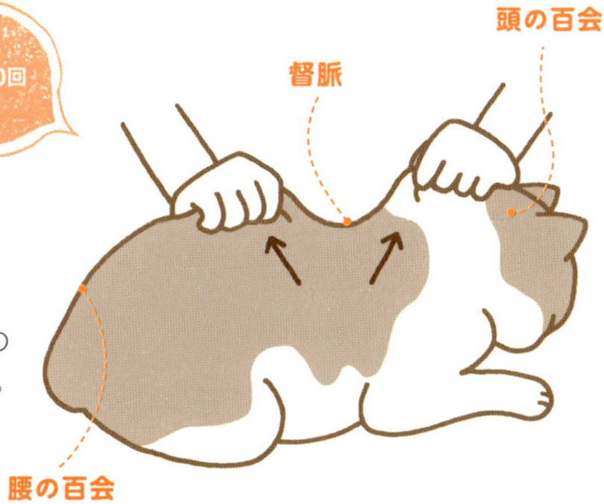

元気アップ

猫も人間と同じで、ストレスや緊張が続く経絡の流れやリンパ液が滞ってパワーが出ません。メンタル的に落ち込んで傷ついているとき、環境が変わったとき、飼い主の家族構成が変わったときにも、元気がなくなってしまう場合があります。マッサージで経絡やリンパの巡りを改善して、体の奥にある元気を引き出すことが大切です。

- **四《し》神《しん》聡《そう》**　両耳の上側の付根を結んだ線と鼻の先端から頭長部にまっすぐ伸ばした線が交わる所を基点に、前後左右に4カ所
- **井《せい》穴《けつ》**　前後の指の爪のきわ。2本のすじがある中央
- **解《かい》谿《けい》**　後足首の前後中央のくぼみ

元気を出すマッサージ

1 お腹をさする

お腹を時計回りにゆっくりとさすります。

2 頭をさする

右手を頭に当て、ゆっくりと頭を前後にさすります。

3 四神聡をピックアップ

頭頂部にある四神聡を縦、横にピックアップします。

左右
各6〜10回

4 前足をさする

前足内側にある前足三陰経を、手首から腕にかけてゆっくりさすります。

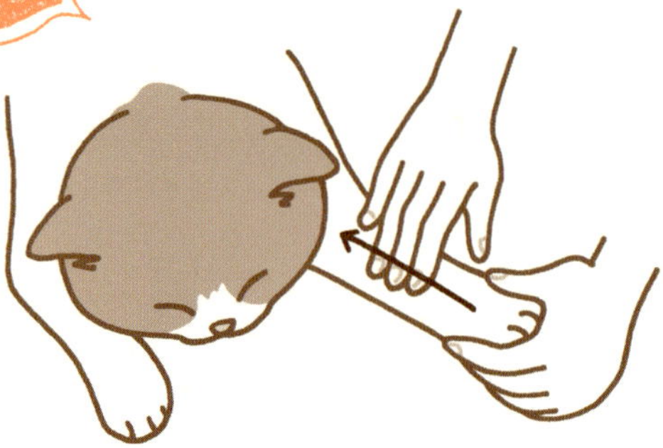

左右
各6〜10回

5 井穴を引っぱる

前足、後足の井穴を外側に向かって左右から押しながら引っぱります。

左右
各6〜10回

6 解谿を指圧

後足の解谿を綿棒で指圧します。

集中力アップ

1 後頭部をなでる

首の付根まで後頭部をなで下ろします。

左右
各6〜10回

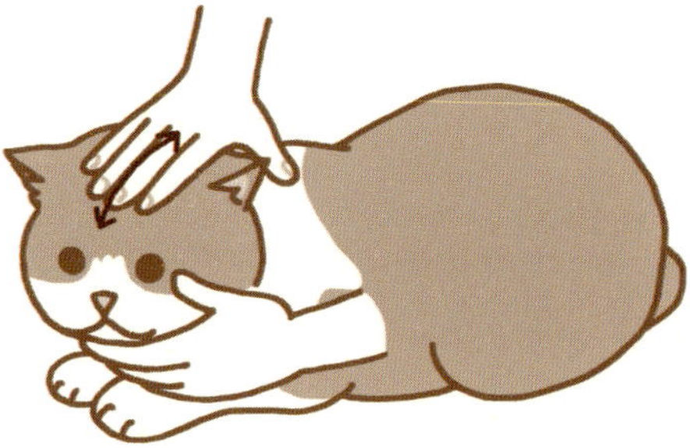

2 側頭部を指圧する

各6〜10回

目の横の側頭部を円マッサージします。

3 首をなでる

左右
各6〜10回

首の側面を上から下へ左右交互になで、首の付根から前足の方向に流すように動かします。

column

温タオル
マッサージ

温タオルを使って軽くマッサージをすると、表面の汚れが拭けて一石二鳥です。使い古したタオルを用意して、少し熱いと感じるぐらいのお湯にタオルを浸します。濡れたタオルをかたく絞って、タオルのあら熱をとれば準備完了。首の後ろをさすったり、両手で腰回りをじんわりと温めたり、腹、足などを念入りに拭きましょう。後ろ足は包むようにして、カカトからツマ先までを温めます。片方の手で足の付根あたりを持つと、温めやすいです。

▶chapter 4

目的別マッサージ

（トラブル編）

排尿のトラブル

猫にも頻尿、多尿、無尿、血尿、残尿感などの症状がみられることがあります。とくに去勢をしたオス猫によくみられ、部屋で飼っていたり、肥満傾向、ドライフードを好む、神経質、季節の変わり目に発症することが多いです。これは膀胱に湿熱がたまることが原因です。腎臓、膀胱の湿熱を取り除くことで、トラブルを回復しましょう。

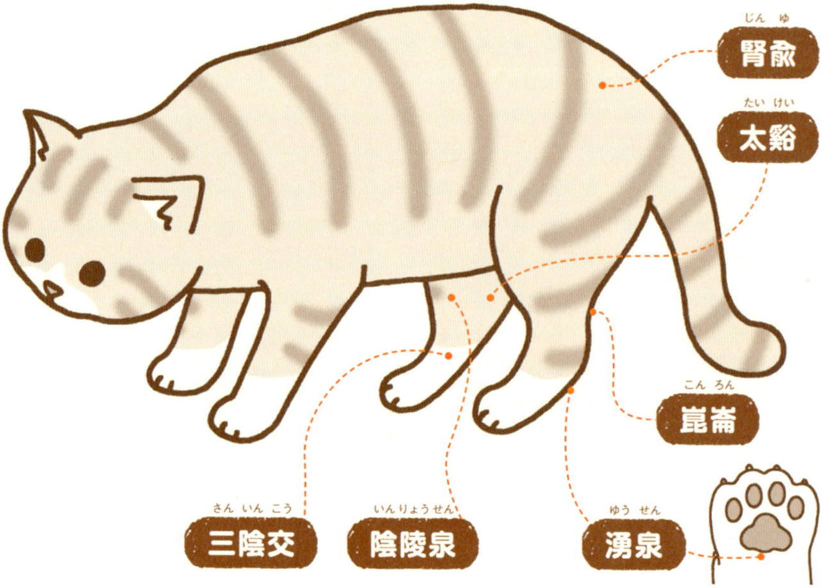

- **三陰交《さんいんこう》** 後足の内側で、くるぶしとヒザを結んだ線上で
くるぶしから2/5のところ(左右各ひとつずつ)
- **湧泉《ゆうせん》** 後足裏のいちばん大きな肉球の付根(左右各ひとつずつ)
- **陰陵泉《いんりょうせん》** 後足内側で三陰交から骨を上にたどっていき、とまったところ(左右各ひとつずつ)
- **太谿《たいけん》** 後足内側で、内くるぶしの後ろでアキレス腱の間のへこんでいる部分(左右各ひとつずつ)
- **崑崙《こんろん》** 後足外側で、外くるぶしの後ろでアキレス腱の間のへこんでいる部分(左右各ひとつずつ)
- **腎兪《じんゆ》** いちばん後ろの肋骨についている背骨から2つ後ろの背骨の両側(左右各ひとつずつ)

基本の おしっこマッサージ

1 お腹をさする

お腹を時計回りにゆっくりとさすります。

2 後足三陽経をさする

後足外側を、太ももからツマ先に向かってさすります。

3 肋骨から後足をさする

いちばん後ろの肋骨から、太ももの部分にかけて、さすります。

4 鼠蹊リンパ節をさする

鼠蹊リンパ節を内側に向かってさすります。

左右
各6〜10回

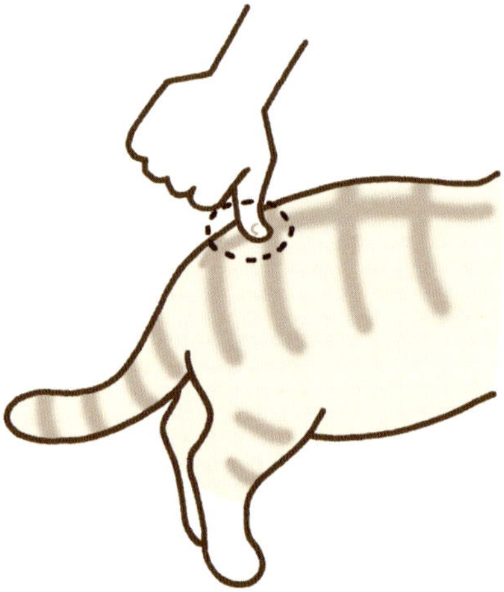

5 背中の腎兪を指圧

背中にある腎兪を指圧します。

左右
各6〜10回

左右
各6〜10回

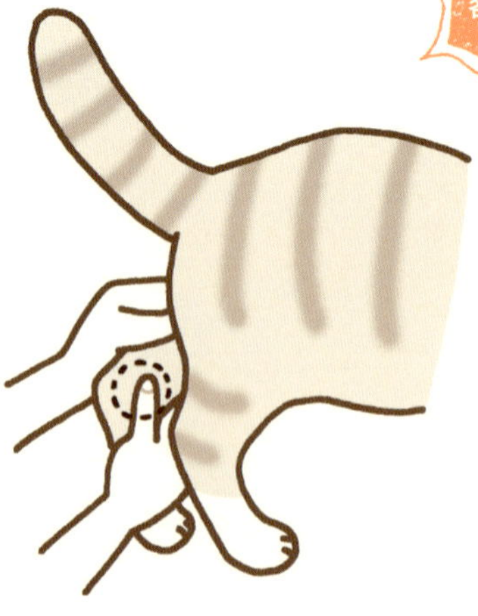

6 後足の三陰交を指圧

後足内側にある三陰交を指圧します。

7 後足の湧泉を指圧

後足裏にある湧泉を親指を使って足の先端に向かって指圧します。

左右
各6〜10回

左右
各6〜10回

8 後足の陰陵泉を指圧

後足内側にある陰陵泉を指圧します。

左右
各6〜10回

9 後足の足首をもむ

後足の足首の両側にある太谿と崑崙をもみもみします。

胃腸のトラブル

お腹には、肝臓、胆のう、胃、十二指腸、大腸、小腸、肝臓、膀胱など大切な器官があります。猫の場合、腹痛、下痢、便秘、嘔吐などの症状は人間以上の頻度で発生します。食事を吐いてしまったり、消化不良を発病したときには、マッサージで胃や腸に体液が正常に巡るように働きかけ、本来の健やかな状態に整えましょう。

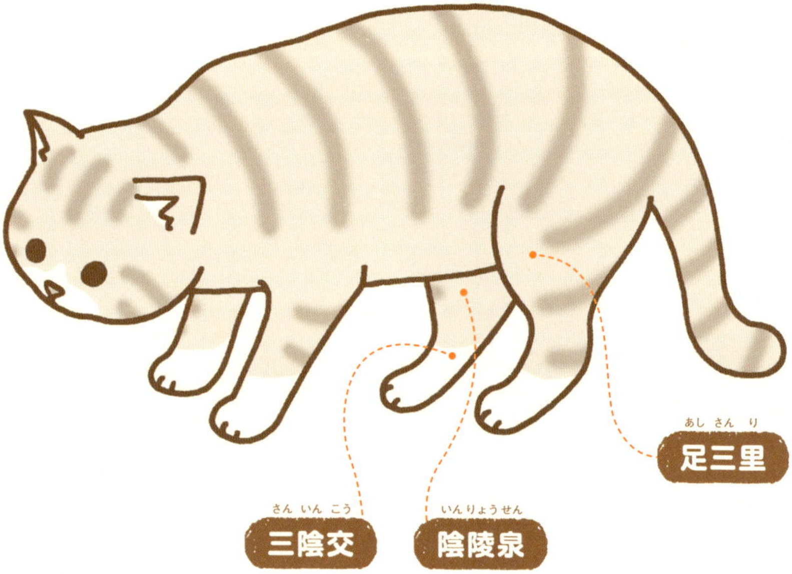

● 三陰交《さんいんこう》　後足の内側で、内くるぶしとヒザ関節を結んだ線上で内くるぶしから2/5のところ（左右ひとつずつ）

● 足三里《あしさんり》　後足外側でヒザと外くるぶしを結んだ線上で、ヒザ関節から1/4のところににあるくぼみ（左右各ひとつずつ）

● 陰陵泉《いんりょうせん》　三陰効から骨を上側にたどっていき、骨がカーブしてとまったところ（左右各ひとつずつ）

基本の胃腸マッサージ

1 腰をさする

両方の手のひらを猫にあて、肩甲骨に向かってさする。

2 お腹をさする

お腹を時計回りにゆっくりとさすります。

3 お腹を十文字にさする

へそを中心に上下左右に十文字にさすります。

4 足三里を指圧

後足外側にある足三里を指圧します。

左右
各6〜10回

左右
各6〜10回

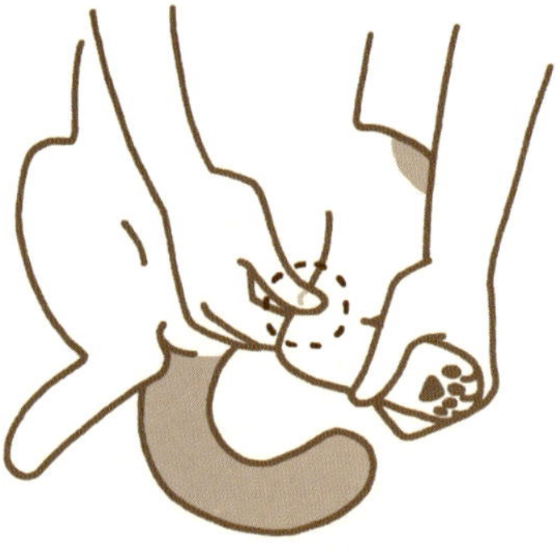

5 後足の陰陵泉を指圧

後足内側にある陰陵泉を指圧します。

左右
各6〜10回

6 後足の三陰交をさする

後足内側にある三陰交をさすります。

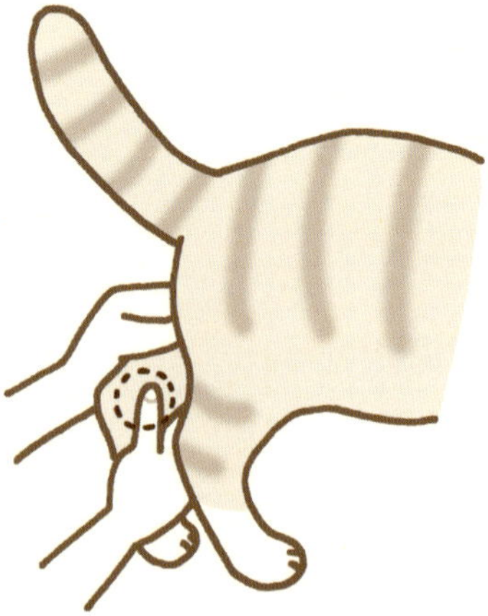

排便のトラブル

猫にも当然、便秘、軟便、下痢などの排便のトラブルがあります。原因は、小食、偏食、水分摂取が少ない、運動をしない、ストレス、肥満などさまざまです。また、高齢の猫も便秘や軟便に悩まされていることが多いです。東洋医学では、下痢のときも便秘のときも同じツボを刺激します。ここでは下痢、軟便、便秘のトラブル改善する快便マッサージを紹介します。

- **大腸兪《だいちょうゆ》** 腰骨の両側（左右各ひとつずつ）
- **小腸兪《しょうちょうゆ》** 大腸兪を後方にたどり、骨盤にぶつかったところの両側（左右各ひとつずつ）
- **足三里《あしさんり》** 後足外側でヒザと外くるぶしを結んだ線上で
ヒザ関節から1/4のところにあるくぼみ（左右各ひとつずつ）

基本の排便マッサージ

1 お腹をさする

お腹を時計回りにゆっくりとさすります。

2 背中をさする

両方の手を腰にあて、肩甲骨に向かってさすり上げます。

3 腋窩リンパ節をさする

ワキの下にある、腋窩リンパ節をさすります。

4 大腸兪、小腸兪を指圧

大腸兪、小腸兪を指圧します。下痢のときは優しく、便秘のときは強めに。

各6〜10回

5 足三里を指圧

後足外側にある足三里を指圧します。

左右
各6〜10回

歯ブラシマッサージ

お腹を歯ブラシを使って、ひらがなの「の」の字を書くようにブラッシングマッサージします。お腹の正中線には任脈という経絡があり、お腹の調子を整える作用があります。

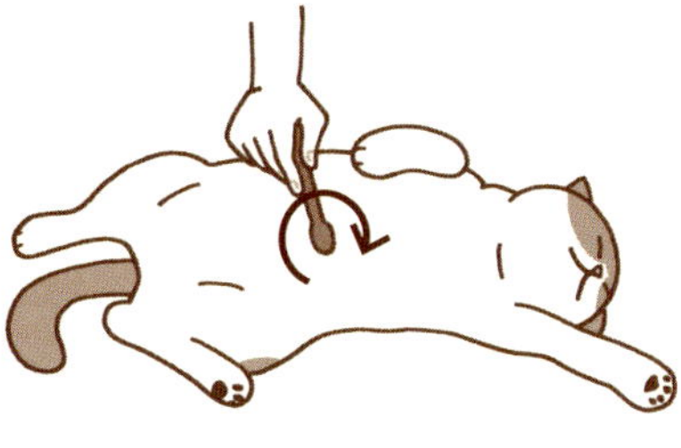

睡眠のトラブル

不眠の原因はさまざまですが、精神的ストレスに起因しているケースがほとんどです。不眠にかぎらず、留守番が続いたり、環境が変わると、早朝に起きてしまったり、寝ぼけてしまう場合もあります。老猫の場合、認知症を発病し、昼夜逆転することもあります。こういった睡眠トラブルにはマッサージが効果的です。脳の緊張をほぐし、大脳を休め、質のよい睡眠ができるようにマッサージで血流をよくしましょう。

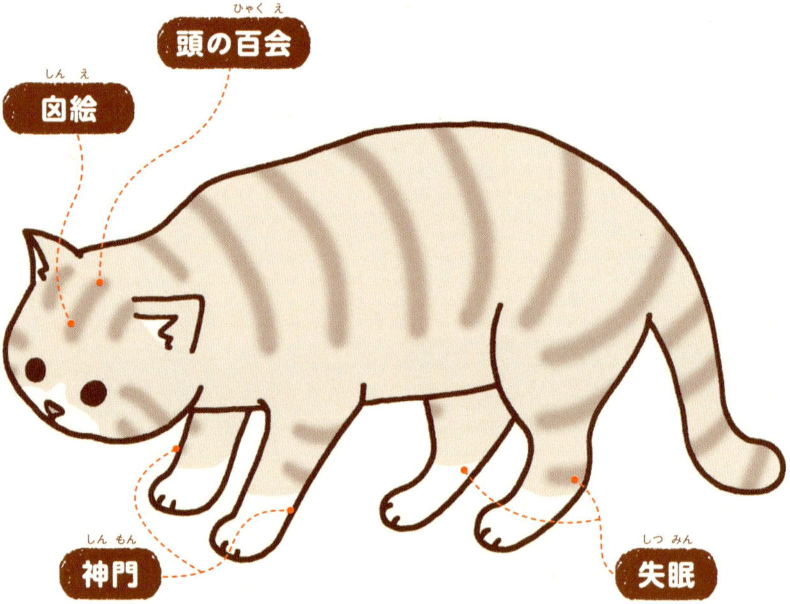

- 囟《しん》絵《え》　人の場合頭の毛の生え際のまん中ですが、猫の場合は猫の前髪生え際をイメージします
- 頭の百《ひゃく》会《え》　両耳の付根を結び、背正中線と交わるところ
- 神《しん》門《もん》　前足の足首の下にある小さな肉球の下にある筋の親指側のくぼみ
- 失《しつ》眠《みん》　後足の足裏で、カカトのふくらみの部分（左右各ひとつずつ）

基本の睡眠マッサージ

1 頭頂部をさする

両方の手のひらを頭頂部にあて、後頭部に向けて外側へ半円を描くようにゆっくりとさすり、囟絵と頭の百会を刺激します。

2 前足の外側をさする

前足の外側をツマ先から付根に向かってさすります。

3 耳を円マッサージする

耳の下に手をあてて、円マッサージします。

4 神門を指圧

前足の裏にある神門を指圧します。綿棒を使って押すとよいでしょう。

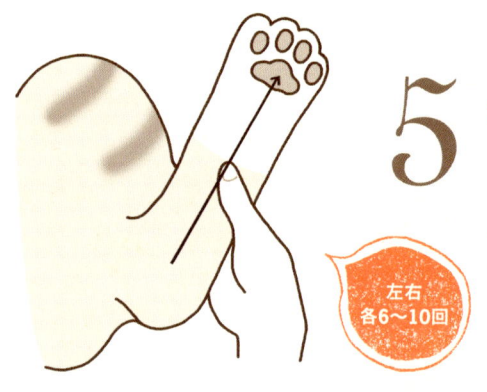

左右
各6〜10回

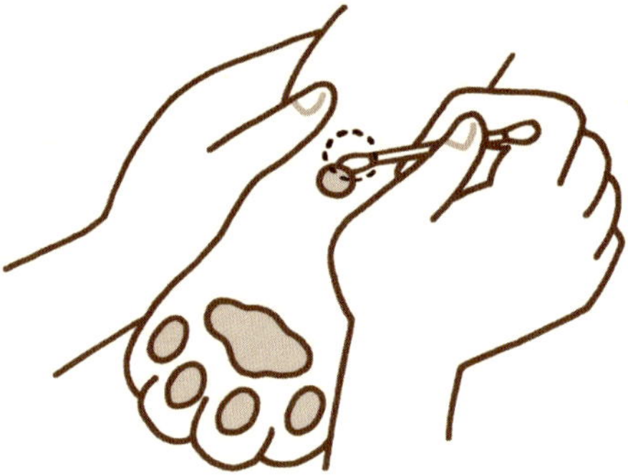

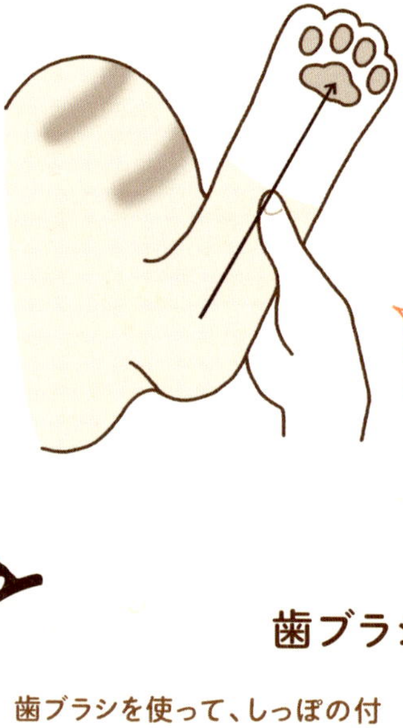

5 失眠〜ツマ先までさする

後足の足裏にある失眠から爪先に向かって親指でさすります。

左右
各6〜10回

歯ブラシマッサージ

歯ブラシを使って、しっぽの付根にあるツボを細かく左右にブラッシングマッサージしましょう。しっぽを触られると嫌な猫もいるので注意してマッサージしてください。

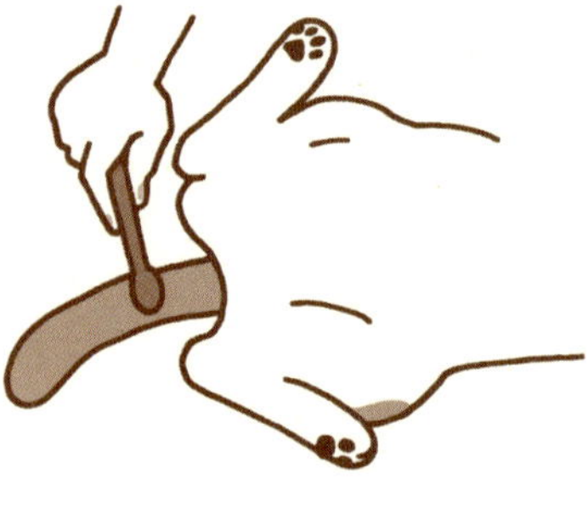

体力減退、倦怠感

東洋医学では元気の源を「精」と呼びます。腎臓が上部で、その中に「精」が充満していれば、体も心も充実してその機能を十分に発揮することができます。反対に、腎臓そのものが弱っていると「精」を蓄える力が弱くなり、全身に栄養を巡らせることができません。その状態が続くと、ストレスで抑うつ状態になり、食欲も減退してしまいます。そうなる前に、マッサージで猫の元気を補充しましょう。

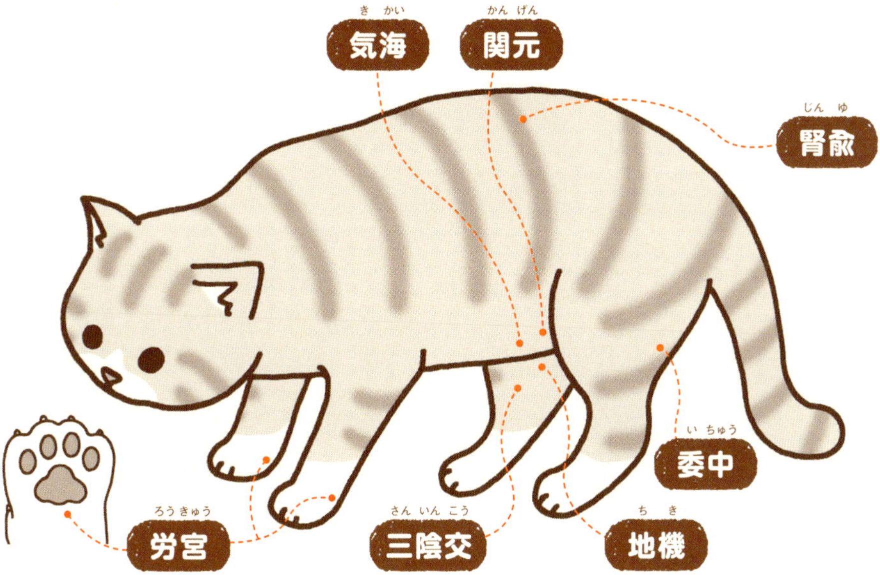

- **地機《ちき》**　後足内側で、ヒザのすぐ下にある骨と、内くるぶしを結んだ線上（左右各ひとつずつ）
- **労宮《ろうきゅう》**　前足の裏側で、いちばん大きな肉球の付根（左右各ひとつずつ）
- **腎兪《じんゆ》**　いちばん後ろの肋骨に就いている背骨からふたつ後ろの背骨の両側（左右各ひとつずつ）
- **気海《きかい》**　ヘソと恥骨を結ぶ線上でヘソから1/3のところ
- **関元《かんげん》**　ヘソと恥骨を結ぶ線上で恥骨から2/5のところ
- **三陰交《さんいんこう》**　後足の内側で、内くるぶしとヒザ関節をむすんだ線上で内くるぶしから2/5のところ（左右各ひとつずつ）
- **委中《いちゅう》**　ヒザの後ろの中央部（左右各ひとつずつ）

基本の体力減退マッサージ

目的別マッサージ トラブル編

4章

1 みぞおちから首までさする

みぞおちから首に向かってさすりあげます。

各6〜10回

2 委中からカカトまでさする

ヒザの後ろの中央にある委中からカカトに向かって親指でさすります。

左右各6〜10回

3 後ろ足の内側をさする

三陰交から地機までをさすりあげます。

4 労宮を指圧

前足裏側のいちばん大きな肉球の足首側にある労宮を指圧します。

左右
各6～10回

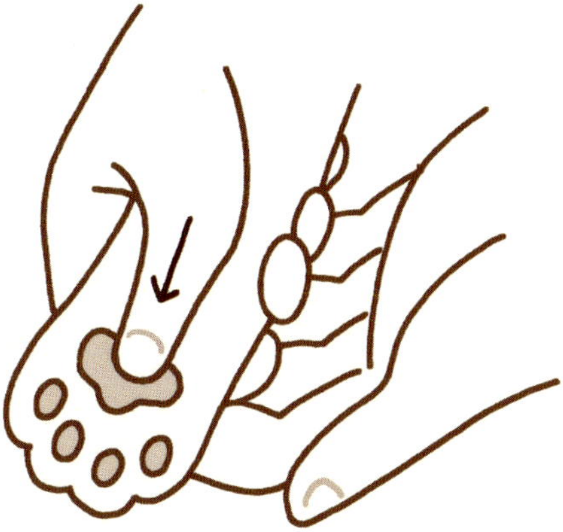

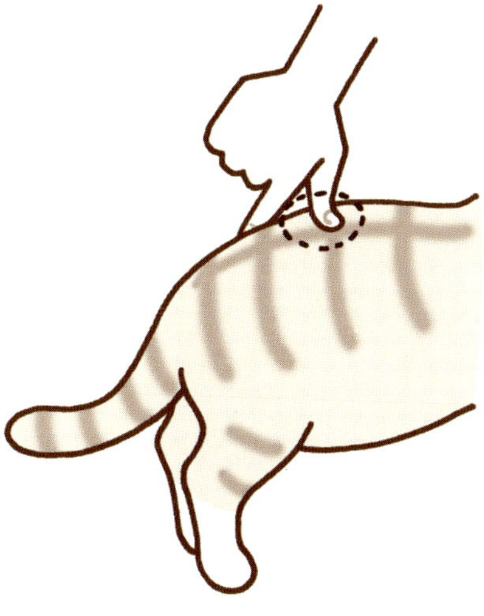

5 腎兪をもむ

背骨の両側にある腎兪をもみもみします。

左右
各6～10回

6 気海～関元をストローク

ヘソの下にある気海～関元を人差し指と中指でストロークします。

左右
各6～10回

耳のトラブル

猫が頻繁に頭を引っ掻いたり、頭を振ったりしたときは、外耳炎などの耳のトラブルの可能性があります。中国の古典に「耳は腎の宮なり」という一説があります。「宮」とは穴のことで、「腎臓が耳の穴で外界とつながっている」という意味です。腎臓と耳は密接な関係があるので、腎臓を整えるマッサージを中心に行ないましょう。

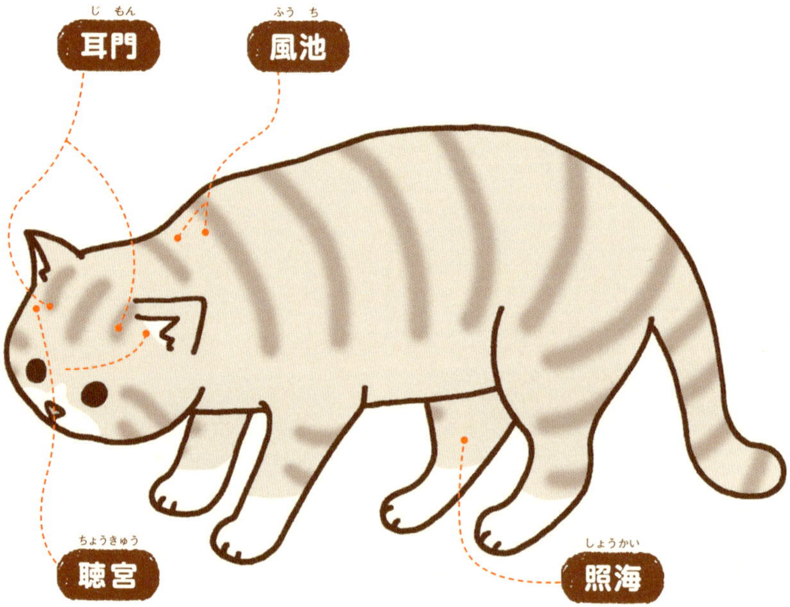

- 耳門《じもん》　口を開けたときに耳の前にできるくぼみ
- 聴宮《ちょうきゅう》　下アゴの延長線上にある耳の前にあるくぼみ。口を開けたときにできる（左右各ひとつずつ）
- 風池《ふうち》　首の後側の中央の浅いくぼみ（左右各ひとつずつ）
- 照海《しょうかい》　後足内くるぶしの下（左右各ひとつずつ）

基本の耳のマッサージ

1 後足内側をさする

後足内側をツマ先から内股に向かってさすりあげます。

2 腹部〜胸をさする

手のひらで、お腹から胸にかけてさすります。

3 耳根部をもむ

耳根部（耳門、聴宮、風池）のツボをもみもみします。

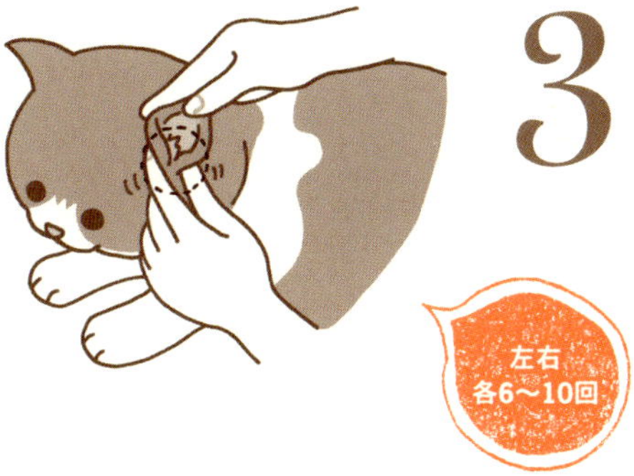

4 照海を指圧

後足にある照海を指圧します。

目のトラブル

猫は地面や床の近くに顔があるため、ゴミや砂ぼこり、異物が目に入りやすく、眼球が傷ついたり充血を起こすことが多々あります。猫の目が充血していたり、目やにが見受けられたら要注意。ここでは、老化にともなう白内障、ドライアイ、結膜炎などの目のトラブルに有効なマッサージを紹介します。

※緑内障、角膜炎の場合は行なわないでください。

- 攢竹《さんちく》　眉毛の内側（左右各ひとつずつ）
- 糸竹空《しちくくう》　眉毛の外側（左右各ひとつずつ）
- 晴明《せいめい》　目頭の先端のやや上側（左右各ひとつずつ）
- 承泣《しょうきゅう》　目の下のくぼみ（左右各ひとつずつ）

基本の目のマッサージ

左右
各6〜10回

1 前足内側をさする

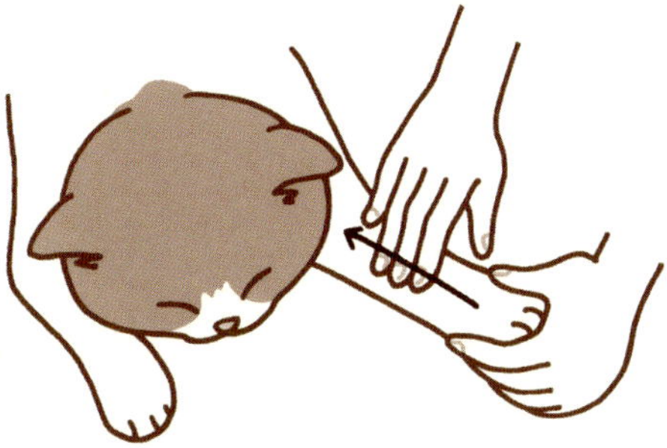

前足内側を指先からヒジに向かってさすります。

6〜10回

2 攅竹〜糸竹空までさする

眉毛の内側にある攅竹から眉毛の外側にある糸竹空まで親指または人差し指でさすります。

6〜10回

3 眉の周辺をピックアップ

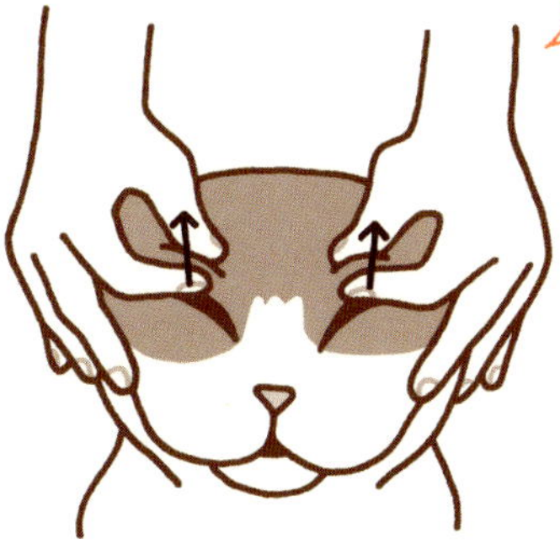

眉の周辺をピックアップします。

4 晴明をもむ

晴明をもみもみします。

6〜10回

5 承泣をもむ

承泣から糸竹空にかけてさすります。

左右
各6〜10回

目やにが
出ていたら
キレイに拭いてから
マッサージして
ほしいにゃ

前足のトラブル

四足歩行の猫は、肩やヒジの痛みの発生が多く見られます。このようなときは、ヒジの外側のツボやリンパを刺激することで、体全体の筋肉のバランスを整えて、痛みを緩和します。

●曲池《きょくち》　前足外側で、ヒジを曲げたときにできるシワの外側にあるくぼみ（左右各ひとつずつ）

●手三里《てさんり》　前足外側。ヒジ関節と手首関節を結んだ線上で、ヒジから1/6のところ（左右各ひとつずつ）

基本の前足マッサージ

左右
各6～10回

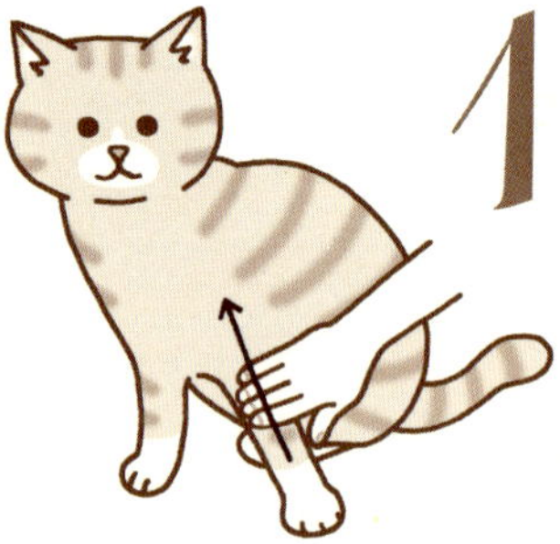

1 手の先から肩までさする

前足の外側を手の先から肩へ向けて手の甲で軽くさすりあげます。

左右
6～10回

2 ヒジの外側の頂点をさする

親指でヒジ外側の頂点の部位を、時計回りにさすります。

左右
6～10回

3 手三里を指圧する

手三里を指圧します。

左右
各6～10回

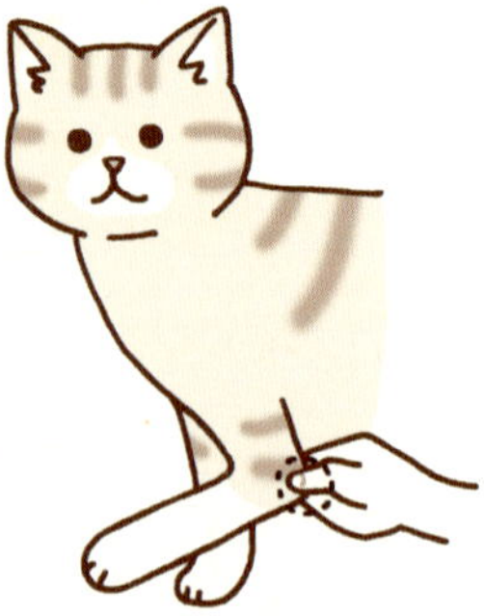

4 曲池を指圧する

曲池を指圧します。

後足のトラブル

ヒザ関節や股関節の痛みは人間にとっても耐えがたいもの。痛みで屈伸ができない、赤く腫れあがって激しく痛む、歩くたびに痛い、患部に熱をもつ、寒い日などに冷えるとさらに痛い……という症状を東洋医学では暦節風《れきせつふう》といいます。さらに症状が進むと、関節のみにとどまらず、それを支えている筋肉にも影響を及ぼし、発熱や腫れをもたらして悪化します。

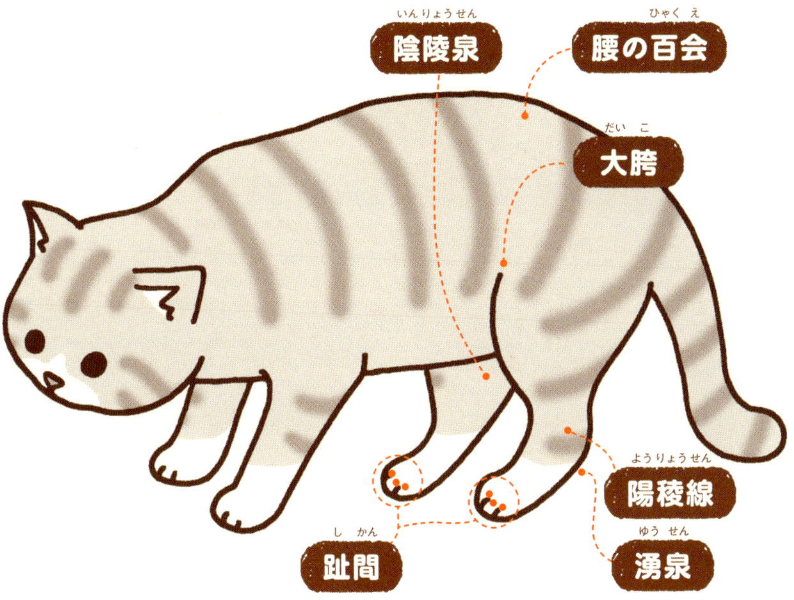

- 大胯《だいこ》　お腹のひだの付根（左右各ひとつずつ）
- 陰陵泉《いんりょうせん》　後足内側で、ヒザの下のくぼみ（左右各ひとつずつ）
- 湧泉《ゆうせん》　後足の足裏のいちばん大きな肉球の付根（左右各ひとつずつ）
- 陽陵泉《ようりょうせん》　後足外側で、腓骨頭（ヒジのやや下にある骨のでっぱり）のななめ後ろ下（左右各ひとつずつ）
- 趾間《しかん》　後足のすべての指の付根（左右各3つずつ）
- 腰の百会《ひゃくえ》　骨盤のいちばん広い部分と背骨が交わるところ

基本の後足のマッサージ

6〜10回

1 背中をさする

背中を手のひら全体で前後にさすります。

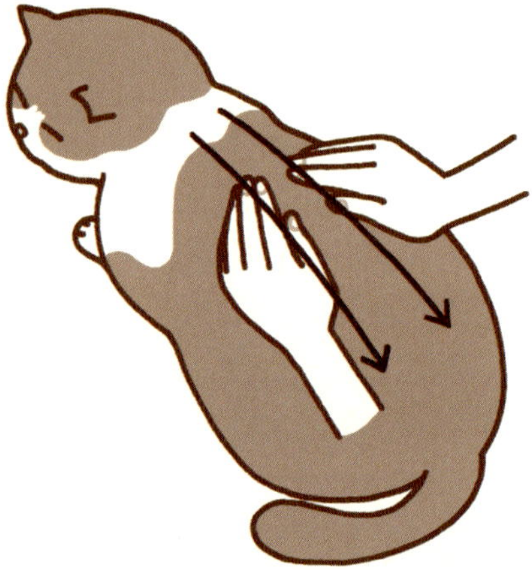

左右
各6〜10回

2 腹部ひだの付根をピックアップ

左右の腹部ひだ付根にある大胯というツボをピックアップします。

左右
6〜10回

3 陰陵泉と陽陵泉をもむ

後ろ足内側の陰陵泉と後ろ足外側の陽陵泉を左右から挟み込むようにもみもみします。

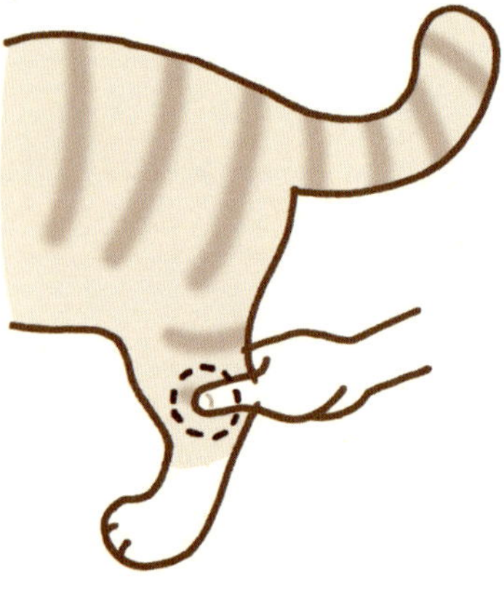

左右
各6〜10回

4 湧泉を指圧する

後足裏の湧泉をツマ先に向かって指圧します。

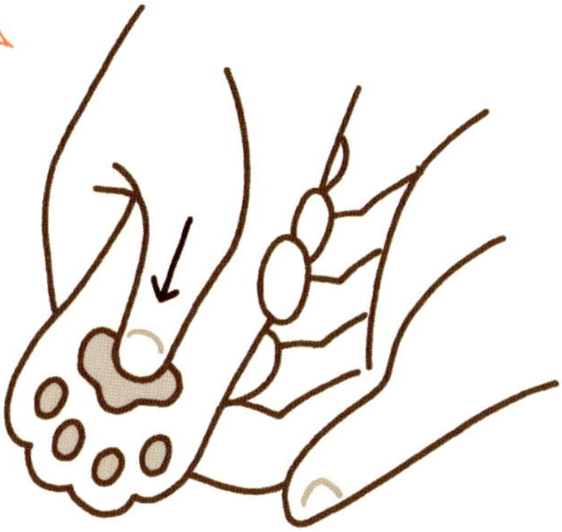

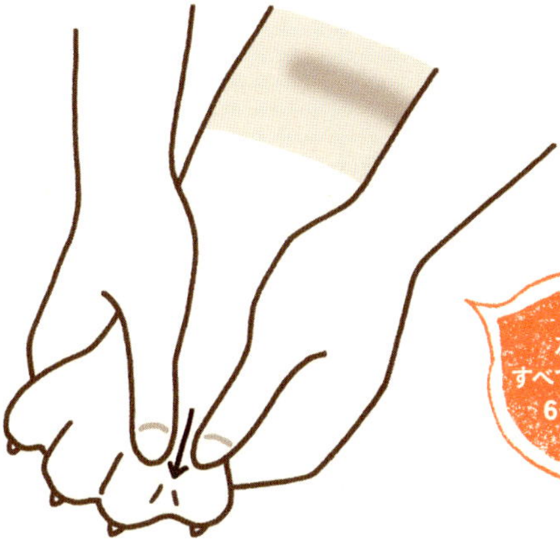

5 趾間をさする

後足のすべての指の付根にある趾間を指先に向かって親指でさすります。

左右の
すべての趾間を
6〜10回

6〜10回

6 腰の百会を指圧

腰の百会を指圧します。

腰痛

腰痛は二足歩行によって起こる疾患だと思われていましたが、最近は、猫にも腰痛が広がっています。加齢や肥満、運動不足、飼育環境の変化、さらには床がフローリングになったことでも猫の腰に負担がかかっています。東洋医学では、腰は腎臓と密接に関係しているといわれています。腰痛が激しいときは患部への直接的なマッサージを避けて、患部からはなれていても経路でつながっているツボをマッサージします。

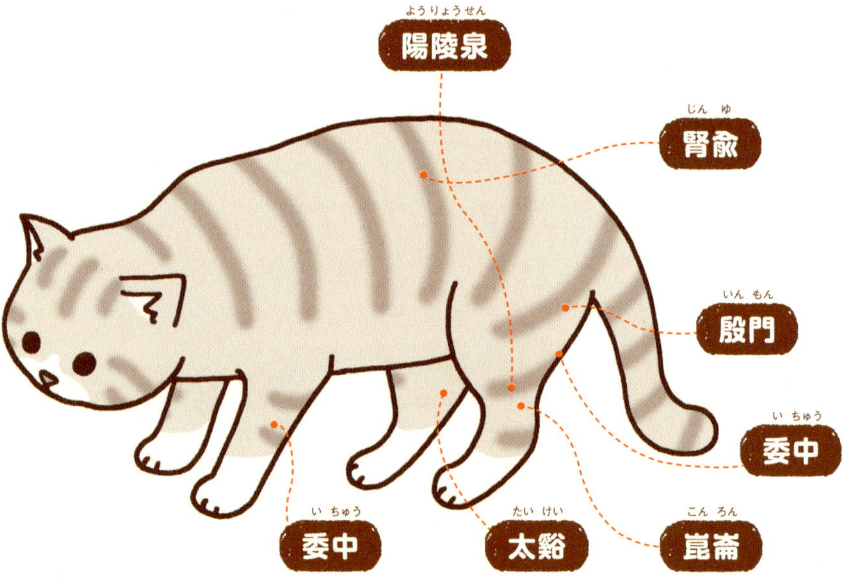

- 太谿《たいけい》　後足内側で、内くるぶしの後ろでとアキレス腱の間のくぼんでいる部分
- 崑崙《こんろん》　後足外側で、外くるぶしの後ろでアキレス腱の間のくぼんでいる部分
- 腎兪《じんゆ》　いちばん後ろの肋骨についている背骨から
ふたつ後ろの背骨の両側（左右各ひとつずつ）
- 殷門《いんもん》　坐骨端（骨盤のいちばん後ろ）とヒザの裏のくぼみを結んだ線上の中央
- 陽陵泉《ようりょうせん》　後足内側で三陰交から骨を上にたどっていき、とまったところ（左右各ひとつずつ）
- 委中《いちゅう》　ヒザの後ろの中央部

基本の腰痛マッサージ

6〜10回

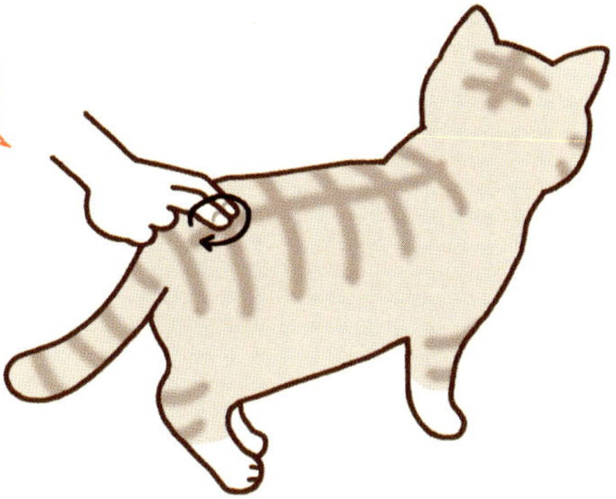

1 骨盤を円マッサージする

仙骨の周囲をまるくマッサージします。

左右
各6〜10回

2 膀胱経をさする

背骨の両側ももの付根から前方に向かってさすります。

左右
各6〜10回

3 ヒザの後ろからももの付根までさする

ヒザの後ろからももの付根に向かってさすります。

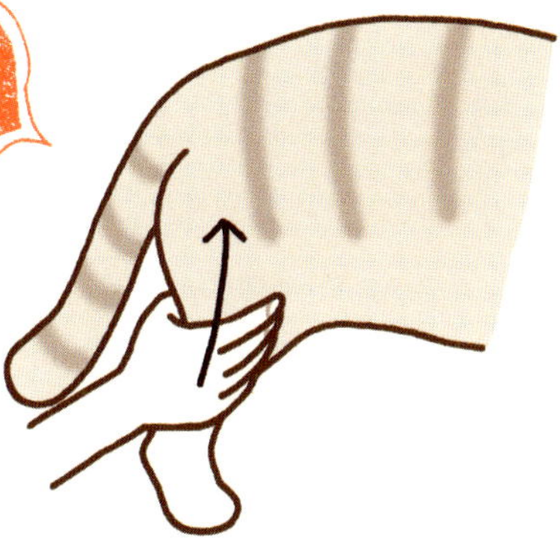

4 腹部の両脇をさする

左右
各6～10回

腹部の両脇をさすります。

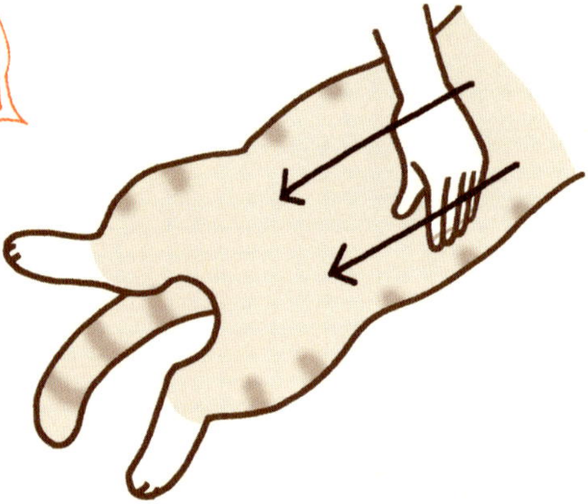

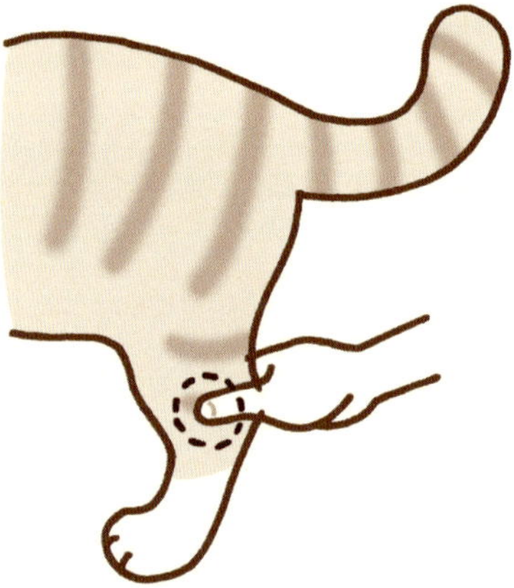

5 太谿と崑崙をもむ

左右
各6～10回

後足首にある、太谿と崑崙を左右から挟み込むようにもみもみします。

6 腎兪を指圧

左右
各6～10回

背骨の両側にある腎兪を指圧します。

7 殿門を指圧

後足の太ももの後ろにある殿門を指圧します。

8 陽陵泉を指圧

後足外側の陽陵泉を指圧します。

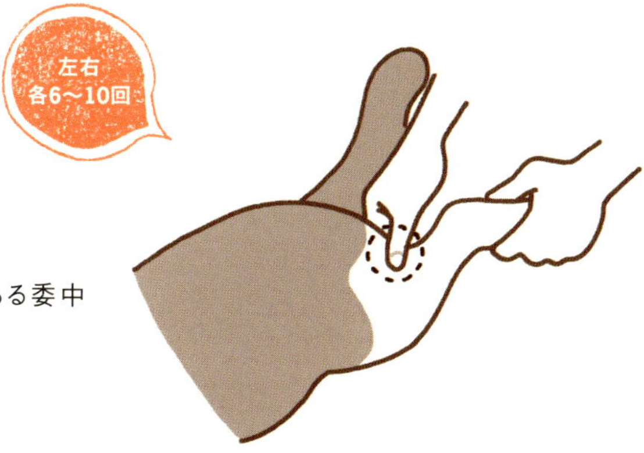

9 委中を指圧

前足ヒザの裏にある委中を指圧します。

ヒザのトラブル

体重の負荷が集中するヒザは、人間と同じように痛みが起こりやすい場所です。とくに猫は高い所から降りたりするため、ヒザへの負担が大きくなります。筋肉と筋肉の付着部や、ヒザの内側などを集中的に刺激して、ヒザにかかる負荷を軽減することが大切です。歩き方が不自然になったり、足をかばうように歩いていたら、要注意です。

- **委中**《いちゅう》　ヒザの後ろの中央部分（左右各ひとつずつ）
- **湧泉**《ゆうせん》　後足の足裏のいちばん大きな肉球の付根（左右各ひとつずつ）

基本のヒザのマッサージ

左右
各6～10回

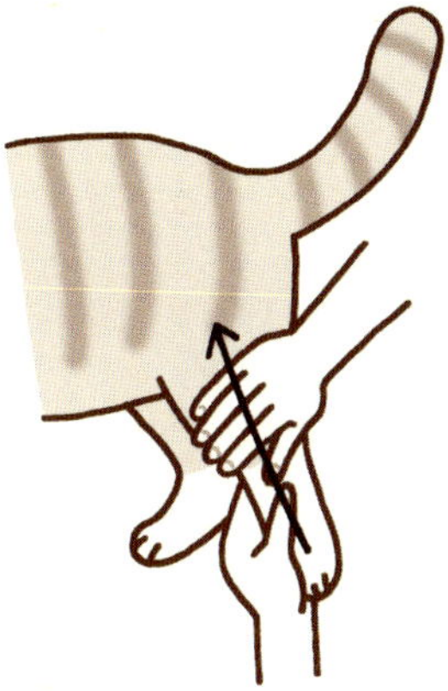

1 後足をさする

後足外側をツマ先から太ももの付根に向かってさすり上げます。

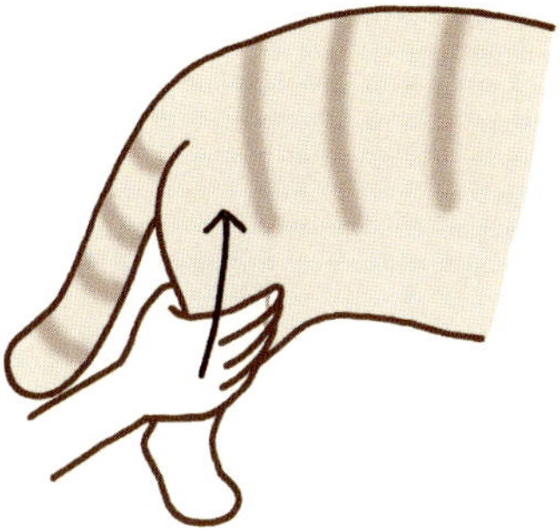

左右
各6～10回

2 ヒザをもむ

手のひらで、ヒザ全体を包み込むようにもみもみします。

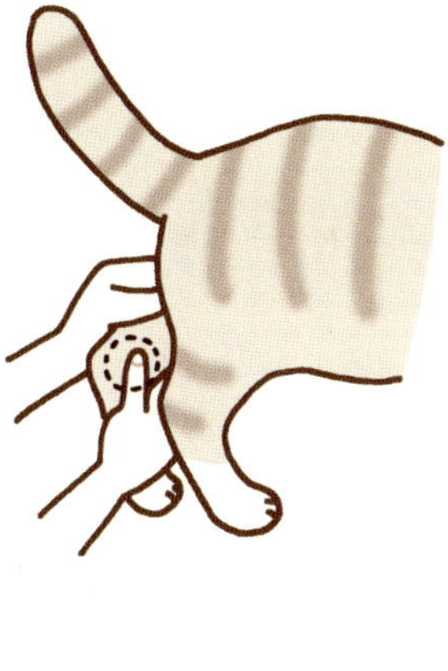

3 委中を指圧

ヒザの後ろの中央にある委中を親指で指圧します。親指以外の指はヒザの前方に当てます。

4 湧泉を指圧

後足の足裏にある湧泉を指圧します。

左右
各6～10回

皮膚のトラブル

皮膚を引っ掻いている、皮膚をぺろぺろと執拗に舐めているなどの慢性的な皮膚病はアトピー性皮膚炎の可能性があります。西洋医学では、アトピー性皮膚炎は、ハウスダスト、チリ、ダニ、カビ、花粉、食事などのアレルギー源と遺伝的な特質が複雑に絡み合って発症していると考えられています。マッサージをすることで、体内にたまった有害物質や、老廃物を対外へ排泄させましょう。

●**頬車《きょうしゃ》**　顔面の左右のエラの上のくぼみ（左右各ひとつずつ）
●**血海《けっせい》**　ヒザの内側のやや上方のくぼみ（左右各ひとつずつ）

基本の皮膚マッサージ

1 前足外側をさする

前足外側を指先から肩甲骨に向かってさすります。

2 頬車をもむ

頬車を人差し指または中指を添えて前から後ろへと優しくもみもみします。

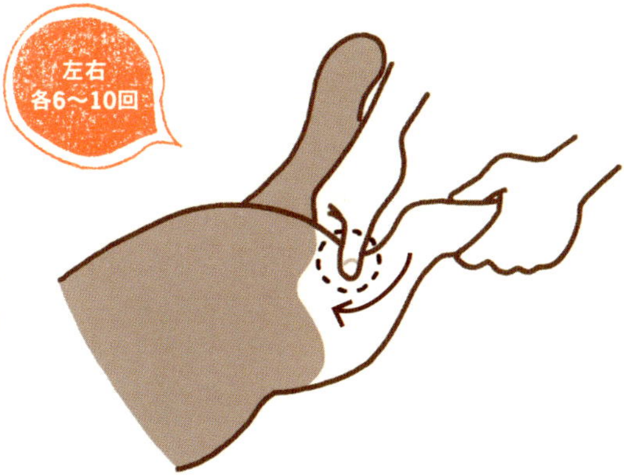

3 後足をさする

ヒザの後ろから太ももの付根に向かって親指でさすります。

左右
各6〜10回

4 血海を指圧

血海を指圧します。

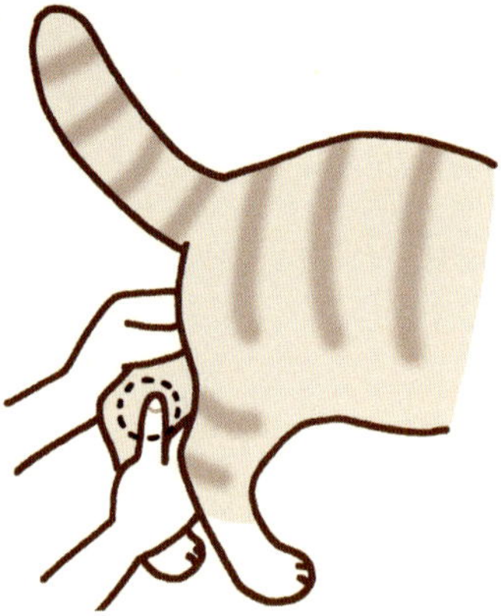

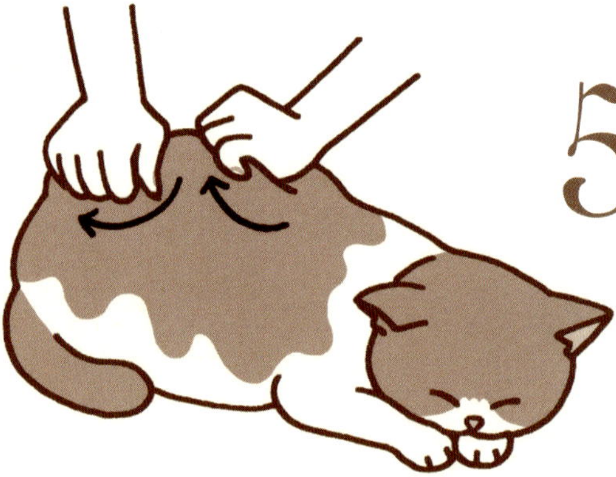

6〜10回

5 全身をピックアップ

全身の皮膚をピックアップしてツイストします。

あごは舌が
とどかないから
自分で掃除
できないにゃ

風邪

風邪とは、動物の体に風邪《ふうじゃ》(風の邪気)が侵入して、頭痛、発熱、悪寒、体の痛み、鼻炎、咳などを引き起こすと言われている病気で、年間を通じて発病しますが、おもに春先や冬に多くみられます。風邪の治療補助の効果のみではなく、風邪を予防する意味を込めてマッサージしましょう。

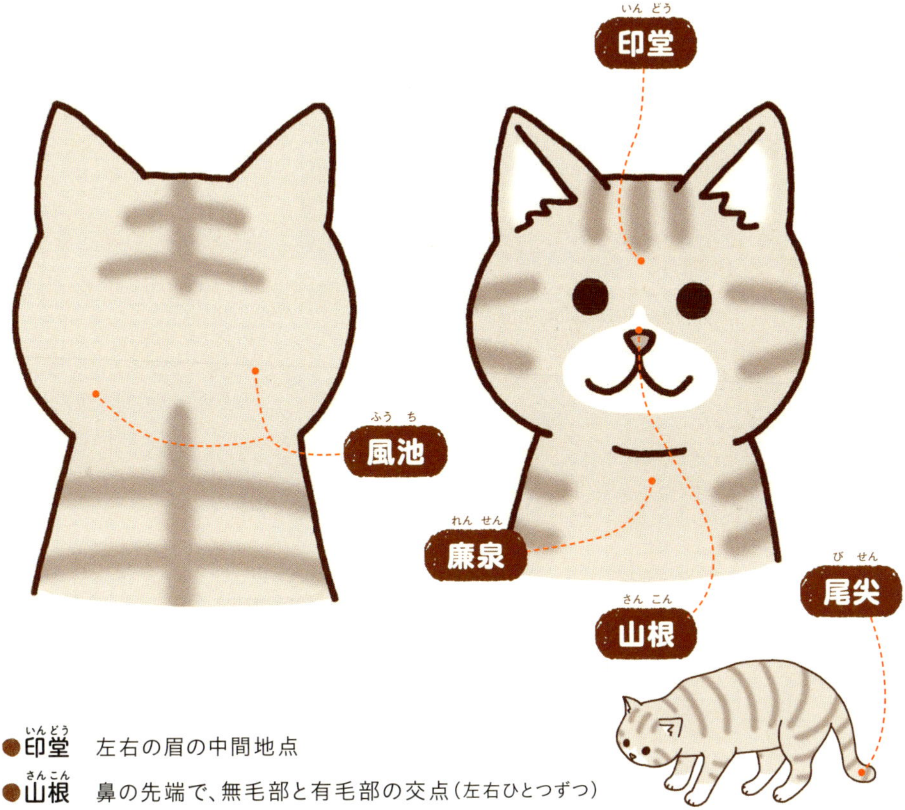

- **印堂《いんどう》** 左右の眉の中間地点
- **山根《さんこん》** 鼻の先端で、無毛部と有毛部の交点(左右ひとつずつ)
- **風池《ふうち》** 首の後ろ側、中央部の左右にある浅いくぼみ部分(各ひとつずつ)
- **廉泉《れんせん》** のどぼとけの上
- **尾尖《びせん》** しっぽの尖端

基本の風邪マッサージ

1 風池をもむ

左右の風池をもみもみするか、親指で指圧します。

左右
各6〜10回

左右
6〜10回

2 後頭部から背中をさする

後頭部から背中にかけて前後にさすります。督脈、膀胱経の経絡を刺激することにより、免疫力を高めます。

3 前足外側をさする

左右
各6〜10回

前足の外側をツマ先から付根に向かってさすります。

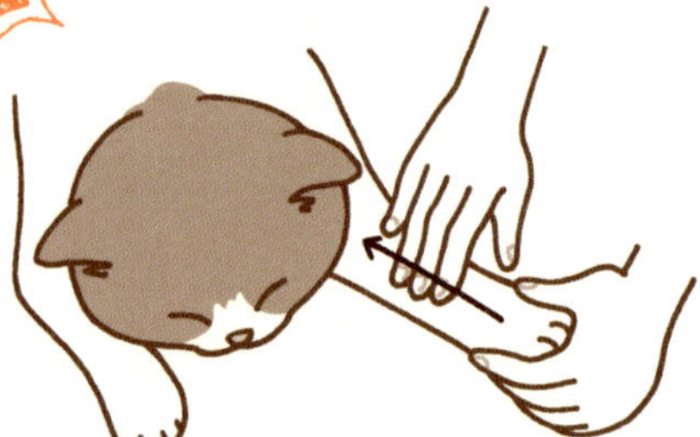

6〜10回

4 印堂から山根までをさする

印堂から山根に向かって人差し指でさすります。鼻水、鼻づまりを解消します。

6〜10回

5 廉泉をピックアップ

アゴの下にある廉泉の皮膚をピックアップします。咳を鎮めます。

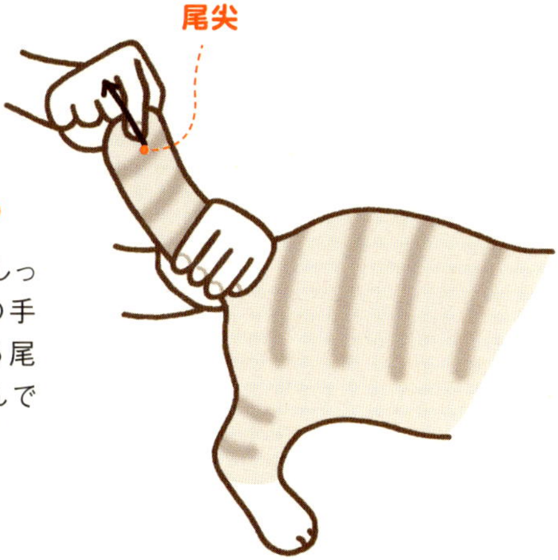

6 尾尖を引っ張る

片手でしっぽの根元をしっかりつかみ、もう一方の手でしっぽの先端にある尾尖というツボををつまんで引っぱります。

🐾STAFF
編集　高橋優果（STUDIO DUNK）
Design　平間杏子（STUDIO DUNK）
撮影　柴田愛子（STUDIO DUNK）
イラスト　フジサワミカ

🐾SPECIAL THANKS
じー、たま、もも、まる、とま、コロン、ももね、ちょぼ

🐾巻頭写真提供Cat Cafe きゃりこ
http://catcafe.jp/

新宿店
営業時間　10:00～22:00
所在地　東京都新宿区歌舞伎町1-16-2 富士ビルディング5/6F（6F入口）
TEL　03-6457-6387

吉祥寺店
営業時間　10:00～22:00
所在地　東京都武蔵野市吉祥寺南町1-5-7 雪ビル4F
TEL　0422-29-8353

癒し、癒される　猫マッサージ

2013年3月27日　初版第1刷発行

著　者　石《いし》野孝《のたかし》　相澤《あいざわ》まな
発行者　村山秀夫
発行所　実業之日本社
〒104-8233 東京都中央区京橋3-7-5 京橋スクエア
〔編集部〕TEL.03-3535-3361
〔販売部〕TEL.03-3535-4441
HP　http://www.j-n.co.jp/
印　刷　大日本印刷株式会社
製　本　株式会社ブックアート

ISBN978-4-408-45429-0